剪映&短视频制作完全自学一本通

（手机版+电脑版）

徐捷 肖兴 编著

电子工业出版社

Publishing House of Electronics Industry

北京·BEIJING

内容简介

本书通过100多个案例及300多分钟同步教学视频，帮助您完全精通剪映手机版和电脑版的操作。具体内容从下面两条线展开：

一条是手机剪辑线，详细介绍了剪映手机版的剪辑功能，包括视频剪辑、滤镜调色、字幕动画、背景音效、卡点特效及综合案例等。

另一条是电脑剪辑线，详细介绍了剪映电脑版的实用功能，包括字幕贴纸、音乐卡点、抠图技术、蒙版合成、关键帧动画、转场特效、变速效果、片头片尾及综合案例等。

本书既适合手机用户学习使用剪映手机版进行短视频的剪辑，又适合电脑用户学习使用剪映电脑版进行中、长视频的剪辑和后期处理。

图书在版编目（CIP）数据

剪映短视频制作完全自学一本通：手机版+电脑版 / 徐捷，肖兴编著. — 北京：电子工业出版社，2022.7

ISBN 978-7-121-43743-4

Ⅰ.①剪… Ⅱ.①徐… ②肖… Ⅲ.①视频编辑软件 Ⅳ.①TP317.53

中国版本图书馆CIP数据核字（2022）第102190号

责任编辑：陈晓婕　　特约编辑：田学清
印　　刷：天津善印科技有限公司
装　　订：天津善印科技有限公司
出版发行：电子工业出版社
　　　　　北京市海淀区万寿路173信箱　　　　邮编：100036
开　　本：787×1092　　1/16　　印张：16.75　　字数：428.8千字
版　　次：2022年7月第1版
印　　次：2025年1月第17次印刷
定　　价：89.00元

凡所购买电子工业出版社图书有缺损问题，请向购买书店调换。若书店售缺，请与本社发行部联系，联系及邮购电话：(010) 88254888，88258888。

质量投诉请发邮件至zlts@phei.com.cn，盗版侵权举报请发邮件至dbqq@phei.com.cn。

本书咨询联系方式：(010) 88254161～88254167转1897。

写作驱动

如今已经进入"全民短视频时代"，短视频已经成为人们娱乐、消遣和记录生活必不可少的一部分，也是人们学习、了解资讯的主流媒体形式。人们越来越喜欢用视频来展示自己的个性与风格。随着抖音官方出品的剪映手机版和电脑版不断更新和完善，越来越多的人开始使用剪映来剪辑自己拍摄的视频。

无论是小白还是高手，使用剪映进行视频剪辑都能享受到视频创作的乐趣；无论是短视频还是长视频，使用剪映进行剪辑都能让视频剪辑变得更简单、高效。

本书是初学者全面学习剪映相关知识的经典畅销教程，重点讲解了剪映手机版和电脑版的剪辑技巧，以及热门案例与特效的制作，帮助大家从零开始到精通视频剪辑与制作技术。

本书特色

两个版本全面掌握：本书主要介绍了剪映手机版和电脑版两个操作平台，简单易学，适合学有余力的读者深入钻研，只要熟练掌握基本的操作，开拓思维，就可以精通剪映后期剪辑！

100多个技能实例奉献：本书通过大量的技能实例进行讲解，包括基本操作、视频剪辑、滤镜调色、字幕贴纸、卡点配乐、抠图合成、关键帧动画、转场特效及视频变速等内容，招招干货，覆盖全面，让学习更高效。

300多分钟的视频演示：对于本书中的操作技能实例，全部录制了带语音讲解的视频，时长有300多分钟，重现书中所有实例操作，读者可以结合本书，也可以独立观看视频演示，像看电影一样进行学习，让学习更加轻松。

270多个素材效果奉献：随书附送的资源中包含了170多个素材文件和90多个效果文件。其中素材涉及城市风光、旅游视频、个人写真、古风人像、古城夜景、星空视频、延时视频、生活视频、家乡美景及特色建筑等，供读者使用。

1430多张图片全程图解：本书用1430多张图片对基本技术、实例讲解、效果展示进行了全程式的图解，通过这些大量清晰的图片，使实例的内容更加通俗易懂。读者可以一目了然，快速领会，融会贯通，以制作出更多精彩的视频文件。

特别提醒

在编写时，本书基于当前剪映版本截取实际操作图片，但图书从编辑到出版需要一段时间，在这段时间里，软件界面与功能会有调整与变化，比如删除了一些功能，或者增加了一些新的功能等，这些都是软件开发商做的软件更新。若图书出版后软件有更新，请以更新后的实际情况为准，用户根据书中的提示，举一反三进行操作即可。

本书由徐捷、肖兴编著。由于编著者知识水平有限，书中难免有错误和疏漏之处，恳请广大读者批评、指正。

编著者

目录

■ 第二篇　剪映电脑版 ■

读者服务

　　读者在阅读本书的过程中如果遇到问题，可以关注"有艺"公众号，通过公众号中的"读者反馈"功能与我们取得联系。此外，通过关注"有艺"公众号，您还可以获取艺术教程、艺术素材、新书资讯、书单推荐、优惠活动等相关信息。

扫一扫关注"有艺"

扫码观看全书视频

　　资源下载方法：关注"有艺"公众号，在"有艺学堂"的"资源下载"中获取下载链接，如果遇到无法下载的情况，可以通过以下三种方式与我们取得联系：

1. 关注"有艺"公众号，通过"读者反馈"功能提交相关信息；

2. 请发邮件至art@phei.com.cn，邮件标题命名方式：资源下载+书名；

3. 读者服务热线：（010）88254161~88254167转1897。

投稿、团购合作：请发邮件至art@phei.com.cn。

第一篇
剪映手机版

第1章　剪映App快速入门

1.1 掌握剪映App的基本操作

剪映App是一款功能非常全面的手机剪辑软件，能够让用户在手机上轻松完成短视频剪辑。本节主要介绍剪映App的工作界面，以及视频的简单处理技巧，帮助用户熟悉剪映App，为后面的学习奠定良好的基础。

1.1.1　了解剪映App的工作界面

在手机屏幕上点击"剪映"图标，打开剪映App，如图1-1所示。进入"剪映"App的主界面，点击"开始创作"按钮，如图1-2所示。

扫码看视频

图1-1　　　　　图1-2

进入"照片视频"界面，从中选择相应的照片或视频素材，如图1-3所示。

点击"添加"按钮，即可成功导入相应的照片或视频素材，并进入编辑界面，其界面组成如图1-4所示。

在预览区域左下角的时间，表示当前时长和视频的总时长。点击预览区域右下角的███按钮，可全屏预览视频效果，如图1-5所示。点击▶按钮，即可播放视频，如图1-6所示。

用户在进行视频编辑操作后，点击预览区域右下角的撤回按钮↩，即可撤销上一步的操作。

选择

图1-3　　　　　　　　　　　　　　　　　图1-4

预览区域

时间线区域

工具栏区域

图1-5　　　　　　　　　图1-6

1.1.2 快速导入视频素材

　　在认识了剪映App的工作界面后，即可开始学习如何导入视频素材。在时间线区域的视频轨道上，点击右侧的＋按钮，如图1-7所示。进入"照片视频"界面，从中选择相应的照片或视频素材，如图1-8所示。

扫码看视频

点击

点击

图1-7　　　　　　　　图1-8

点击"添加"按钮，即可在时间线区域的视频轨道上添加一个新的视频素材，如图1-9所示。

（a）　　　　　　　　（b）

图1-9

除了以上导入视频素材的方法，用户还可以点击"开始创作"按钮，进入"照片视频"界面，点击"素材库"按钮，如图1-10所示。在进入该界面后，可以看到素材库内置了丰富的素材，向左滑动屏幕，可以看到有搞笑片段、故障动画、空镜头、片头、片尾等素材，如图1-11所示。

图1-10　　　　　　　　图1-11

例如，用户想要做一个空镜头的片头，❶选择"空镜头"的素材片段；❷点击"添加"按钮，即可把素材添加到视频轨道中，如图1-12所示。

（a）　　　　　　　　（b）

图1-12

1.1.3 掌握缩放轨道的方法

在时间线区域中，有一根白色的垂直线条叫作时间轴，上面为时间刻度。我们可以在时间线上任意滑动来查看导入的视频或效果。在时间线上可以看到视频轨道和音频轨道，还可以增加字幕轨道，如图1-13所示。

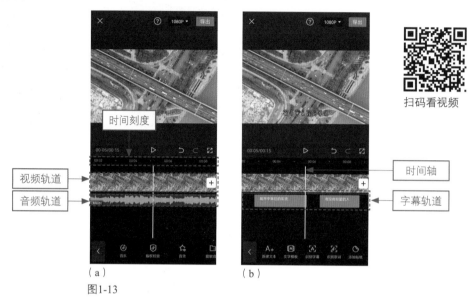

（a）　　　　　（b）

图1-13

扫码看视频

用双指在视频轨道捏合、滑开，可以缩放时间线，如图1-14所示。

（a）　　　　　（b）

图1-14

1.1.4 对视频进行倒放处理

【效果展示】在制作短视频时，我们可以将其倒放，使得画面更具

扫码看效果　　扫码看视频

创意的效果。倒放后，原本视频中的画面完全颠倒了过来，本来向后倒退的镜头，变成了向前飞行的镜头，效果如图1-15所示。

（a）
（b）
（c）
（d）

图1-15

下面介绍使用剪映App对视频进行倒放处理的操作方法。

STEP 01 在剪映App中导入一段视频素材，并添加到视频轨道，如图1-16所示。

STEP 02 ❶选择视频轨道，❷在剪辑二级工具栏中点击"倒放"按钮，如图1-17所示。

图1-16

图1-17

STEP 03 系统会对视频进行倒放处理，并显示处理进度，如图1-18所示。

STEP 04 稍后，即可倒放所选视频素材，并添加合适的背景音乐，如图1-19所示。

图1-18

图1-19

1.1.5 对视频进行旋转或镜像处理

【效果展示】当拍摄的视频角度不合适，或者画面不理想时，用户可以对视频进行旋转和镜像处理，以改变画面的角度。视频素材与效果对比如图1-20所示。

扫码看效果

扫码看视频

剪映短视频制作完全自学一本通
（手机版+电脑版）

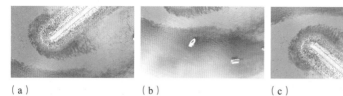

（a）　　　　　　　（b）　　　　　　　（c）　　　　　　　（d）

图1-20

下面介绍使用剪映App对视频进行旋转镜像的操作方法。

STEP 01 在剪映App中导入一段视频素材，❶选择视频轨道，❷点击"编辑"按钮，如图1-21所示。

STEP 02 双击"旋转"按钮，对视频进行旋转处理，如图1-22所示。

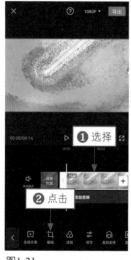

图1-21

图1-22

STEP 03 点击"镜像"按钮，对视频进行镜像处理，如图1-23所示。

STEP 04 为视频添加相应的背景音乐，如图1-24所示。

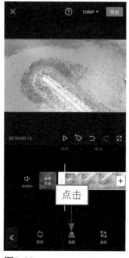

图1-23

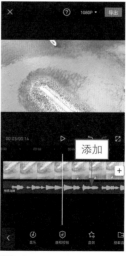

图1-24

8

快速替换短视频素材

【效果展示】在剪映App中剪辑视频时，用户可以根据需要对素材文件进行替换操作，使制作的视频更加符合用户的需求，效果如图1-25所示。

扫码看效果　扫码看视频

（a）　　　（b）　　　（c）　　　（d）
图1-25

下面介绍使用剪映App替换短视频素材的操作方法。

STEP 01 在剪映App中导入三段视频素材，添加合适的背景音乐，如图1-26所示。

STEP 02 ❶在时间线区域中选择要替换的视频片段，❷点击"替换"按钮，如图1-27所示。

图1-26　　　　　　　　　　图1-27

STEP 03 进入"照片视频"界面，点击"素材库"按钮，如图1-28所示。

STEP 04 执行上一步的操作即可切换至"素材库"选项卡，如图1-29所示。

STEP 05 在"片头"选项区中选择合适的动画素材，如图1-30所示。注意，这里可以选择比被替换的素材时长长的素材，也可以选择与被替换的素材时长相同的素材。

STEP 06 执行操作后，可以预览动画素材的效果，如图1-31所示。

STEP 07 点击"确认"按钮，即可完成替换，如图1-32所示。

STEP 08 点击播放按钮▶，在上方窗口中预览视频效果，如图1-33所示。

图1-28

图1-29

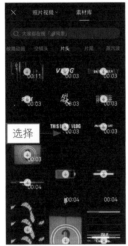

图1-30

图1-31

图1-32

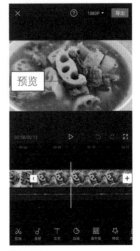

图1-33

1.2 掌握剪映 App 的剪辑功能

本节主要介绍剪映App的剪辑功能,包括分割、删除、复制、变速、定格、绿幕抠像视频素材等。熟练掌握了这些剪辑功能可以为视频增加趣味性。虽然在操作上有一定的难度,但希望大家熟练掌握本节的剪辑方法。

1.2.1 视频的基本剪辑方法

【效果展示】在剪映App中,用户可以对视频素材进行分割、删除、复制等操作,制作更美观、流畅的短视频,效果如图1-34所示。

扫码看效果

扫码看视频

(a)

(b)

(c)

(d)

图1-34

下面介绍使用剪映App对短视频进行剪辑的操作方法。

STEP 01 打开剪映App,在主界面中点击"开始创作"按钮,如图1-35所示。

STEP 02 进入"照片视频"界面,❶选择合适的视频素材,❷点击"添加"按钮,如图1-36所示。

图1-35

图1-36

STEP 03 执行上一步的操作后,即可打开该视频素材,点击"剪辑"按钮,如图1-37所示。

STEP 04 执行上一步的操作后,进入视频剪辑界面,如图1-38所示。

图1-37

图1-38

STEP 05 移动时间轴至视频10秒的位置，如图1-39所示。

STEP 06 点击"分割"按钮，即可分割视频，效果如图1-40所示。

图1-39

图1-40

STEP 07 ❶再次移动时间轴至49秒的位置，❷点击"分割"按钮，如图1-41所示。

STEP 08 选择前一段视频素材，点击"删除"按钮，即可删除所选的视频片段，如图1-42所示。

STEP 09 在剪辑菜单中点击"编辑"按钮，可以对视频进行镜像、旋转和裁剪等编辑处理，如图1-43所示。

STEP 10 ❶在剪辑界面点击"复制"按钮；❷快速复制选择的视频片段，然后添加到想要的地方，如图1-44所示。

图1-41

图1-42

图1-43

图1-44

对视频进行变速处理

扫码看效果　　扫码看视频

【效果展示】若视频播放的速度太快或者太慢，则可以对视频进行变速处理，同时还可以更改视频的时长，效果如图1-45所示。

（a）　　　　　（b）　　　　　（c）　　　　　（d）

图1-45

下面介绍使用剪映App对视频进行变速处理的操作方法。

图1-46

图1-47

STEP 01 在剪映App中导入一段视频素材，❶选中视频轨道，❷点击"变速"按钮，如图1-46所示。

STEP 02 在弹出的界面中点击"常规变速"按钮，如图1-47所示。

图1-48

图1-49

STEP 03 在"变速"界面中向右拖曳红色圆环至数值"2.0×"，如图1-48所示，对视频进行2倍变速处理。

STEP 04 添加一段背景音乐，如图1-49所示。

1.2.3　制作拍照定格的效果

【效果展示】"定格"功能能够将视频中的某一帧画面定格并持续3秒。我们可以看到，在视频中突然一个闪白，画面就像被照相机拍成了照片一样定格了，接着画面又继续动起来，效果如图1-50所示。

扫码看效果

扫码看视频

（a）

（b）

（c）

（d）

图1-50

下面介绍使用剪映App制作拍照定格的效果的操作方法。

STEP 01 在剪映App中导入一段视频素材，添加相应的背景音乐，如图1-51所示。

STEP 02 点击底部的"剪辑"按钮，进入剪辑编辑界面，❶拖曳时间轴至需要定格的位置，❷在剪辑二级工具栏中点击"定格"按钮，如图1-52所示。

图1-51

图1-52

STEP 03 执行上一步的操作后，即可自动分割出所选的定格画面，该片段将持续3秒，如图1-53所示。

STEP 04 点击 按钮，返回一级工具栏，依次点击"音频"按钮和"音效"按钮，进入相应界面，在"机械"音效选项卡中点击"拍照声1"选项右侧的"使用"按钮，如图1-54所示。

图1-53

图1-54

STEP 05 执行上一步的操作后，即可添加一个拍照音效，将音效轨道调整至合适的位置，效果如图1-55所示。

STEP 06 返回主界面，依次点击"特效"按钮和"画面特效"按钮，进入相应界面，在"基础"特效选项卡中选择"白色渐显"特效，如图1-56所示。

图1-55

图1-56

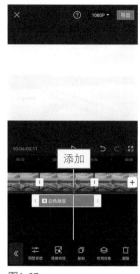

图1-57

图1-58

STEP 07 执行操作后，即可为视频添加一个"白色渐显"特效，如图1-57所示。

STEP 08 点击"调整参数"按钮，设置"速度"为"66"，如图1-58所示。

1.2.4 添加视频特效以丰富画面

【效果展示】添加视频特效能够丰富画面的内容和提高短视频的档次。比如添加了模糊特效，当画面慢慢变清晰之后，泡泡特效从左下角进入画面，效果如图1-59所示。

扫码看效果

扫码看视频

（a）

（b）

（c）

（d）

图1-59

图1-60

图1-61

下面介绍使用剪映App添加视频特效的操作方法。

STEP 01 在剪映App中导入一段视频素材，点击"特效"按钮，如图1-60所示。

STEP 02 进入"画面特效"界面，可以看到里面有热门、基础、氛围、爱心等特效选项卡，点击"基础"按钮，如图1-61所示。

STEP 03 切换至"基础"选项卡后，可以看到开幕、变清晰、镜头变焦等特效，选择"模糊"特效，如图1-62所示。

STEP 04 点击 ✓ 按钮，拖曳特效轨道右侧的白色拉杆，适当调整特效时长，如图1-63所示。

图1-62

图1-63

STEP 05 点击 《 按钮返回，点击"画面特效"按钮，如图1-64所示。

STEP 06 切换至"氛围"选项卡，选择"泡泡"特效，如图1-65所示。执行操作后，返回并调整特效时长。

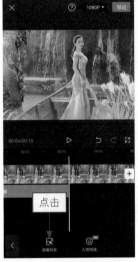

图1-64

图1-65

1.2.5 使用绿幕抠像视频素材

【效果展示】色度抠图是剪映中一种非常实用的功能，只要选择需要抠除的颜色，再对该颜色的强度和阴影进行调整，即可抠除画面中不需要的颜色。原本在绿幕素材里的蝴蝶经过色度抠图后，与天空背景完美融合，非常逼真，效果如图1-66所示。

扫码看效果

扫码看视频

（a） （b） （c） （d）

图1-66

图1-67

图1-68

下面介绍使用剪映App的色度抠图功能抠图的操作方法。

STEP 01 在剪映App中导入一段视频素材，点击"画中画"按钮，如图1-67所示。

STEP 02 点击"新增画中画"按钮，如图1-68所示。

图1-69

图1-70

STEP 03 进入"照片视频"界面，切换至"素材库"选项卡，如图1-69所示。

STEP 04 找到"绿幕素材"选项区，❶选择蝴蝶飞过的绿幕素材，❷点击"添加"按钮，如图1-70所示。

图1-71

图1-72

STEP 05 执行操作后，即可将素材添加到画中画轨道，如图1-71所示。

STEP 06 ❶在预览区域调整画面大小，使其占满屏幕；❷点击工具栏中的"色度抠图"按钮，如图1-72所示。

STEP 07 执行操作后，进入"色度抠图"界面，预览区域会出现一个取色器，拖曳取色器至需要抠除颜色的位置，❶选择"强度"选项，❷拖曳滑块，将参数设置为"100"，如图1-73所示。注意，当强度发生改变时取色器便会消失，所以这里改变强度后便看不见取色器了。

STEP 08 ❶选择"阴影"选项，❷拖曳滑块，将参数设置为"8"，如图1-74所示，即可完成操作。

图1-73

图1-74

1.2.6 使用关键帧制作对象移动效果

【效果展示】添加关键帧可以实现对画面的控制，或者控制画面中的某些对象，使其呈现移动的效果，如图1-75所示。

扫码看效果

扫码看视频

（a）　　　　　　（b）　　　　　　（c）　　　　　　（d）

图1-75

下面介绍在剪映App中使用关键帧制作对象移动效果的操作方法。

STEP 01 在剪映App中导入一段视频素材，点击"画中画"按钮，如图1-76所示。

STEP 02 点击"新增画中画"按钮，如图1-77所示。

图1-76

图1-77

图1-78

图1-79

STEP 03 进入"照片视频"界面，选择并添加一段视频素材，点击下方工具栏中的"混合模式"按钮，如图1-78所示。

STEP 04 在混合模式菜单中找到并选择契合视频的效果，如图1-79所示。

图1-80

图1-81

STEP 05 点击 ✔ 按钮应用混合模式，❶拖曳月亮素材右侧的白色拉杆，使其时长与视频时长保持一致；❷调整素材大小并将其移动至合适位置，如图1-80所示。注意，这里导入的素材是图片，直接拖曳白色拉杆即可调整素材时长。

STEP 06 ❶拖曳时间轴至视频起始位置；❷点击 ✦ 按钮；❸视频轨道上显示一个红色的菱形标志◈，表示成功添加一个关键帧，如图1-81所示。

（a）

（b）

图1-82

STEP 07 执行操作后，拖曳一下时间轴，对素材的位置及大小做出改变，新的关键帧将自动生成，重复多次操作，制作素材的运动效果，如图1-82所示。

1.2.7　为短视频添加片尾视频效果

【效果展示】常看短视频的用户应该会发现，一般网红发的短视频的片尾都是统一的风格，效果如图1-83所示。

（a）　　　　　　　　　（b）

图1-83

下面介绍使用剪映App制作风格统一的抖音片尾短视频的操作方法。

扫码看效果

扫码看视频

STEP 01 在剪映App中导入白底视频素材，点击"比例"按钮，选择"9：16"选项，如图1-84所示。

STEP 02 点击 ⟨ 按钮返回主界面，依次点击"画中画"按钮和"新增画中画"按钮，如图1-85所示。

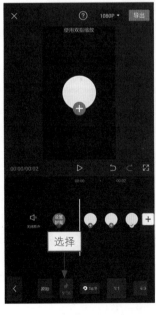

图1-84　　　　　　　　　图1-85

剪映短视频制作完全自学一本通
（手机版+电脑版）

STEP 03 进入"照片视频"界面后，❶选择视频或照片素材，❷点击"添加"按钮，如图1-86所示。

STEP 04 执行操作后，点击下方工具栏中的"混合模式"按钮，如图1-87所示。

图1-86

图1-87

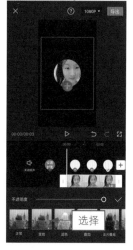

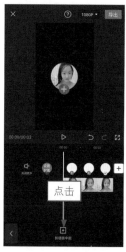

STEP 05 打开混合模式菜单后，选择"变暗"选项，如图1-88所示。

STEP 06 在预览区域调整画中画素材的位置和大小，点击 ✓ 按钮，点击"新增画中画"按钮，如图1-89所示。

图1-88

图1-89

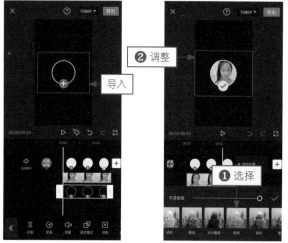

STEP 07 进入"照片视频"界面后，选择黑底素材，点击"添加"按钮，导入黑底素材，如图1-90所示。

STEP 08 执行操作后，点击"混合模式"按钮，打开混合模式菜单，❶选择"变亮"选项，❷在预览区域调整黑底素材的位置和大小，如图1-91所示。

图1-90

图1-91

第2章 掌握短视频调色技巧

本章要点

　　色彩对短视频可起到抒发情感的作用。由于素材在拍摄和采集的过程中经常会遇到一些很难控制的环境光照，因此拍摄出来的源素材往往色感欠缺、层次不明。本章将详细介绍短视频的调色技巧，帮助大家提升短视频的调色技术，使制作的短视频画面更加精彩夺目。

[2.1 运用滤镜调整视频色彩

　　很多用户不知道如何对视频进行调色，本节将为大家介绍透亮滤镜、风景滤镜、美食滤镜及复古滤镜等6种滤镜的使用方法，帮助大家为短视频选择合适的滤镜效果。

2.1.1　运用透亮滤镜调出鲜亮感画面

　　【效果展示】透亮滤镜是剪映App中一种较为基础的滤镜，可以使画面变得更加清新、鲜亮，效果如图2-1所示。

（a）　　　　　　　　（b）

（c）　　　　　　　　（d）

扫码看效果

扫码看视频

图2-1

　　下面介绍在剪映App中运用透亮滤镜调出鲜亮感画面的操作方法。

STEP 01 在剪映App中导入一段视频素材，点击一级工具栏中的"滤镜"按钮，如图2-2所示。

STEP 02 进入"滤镜"编辑界面后，❶切换至"精选"滤镜选项卡，❷选择"透亮"滤镜效果，如图2-3所示。

STEP 03 点击 ✓ 按钮即可添加该滤镜，此时时间线区域将会生成一条滤镜轨道，如图2-4所示。

STEP 04 拖曳滤镜轨道右侧的白色拉杆，调整其持续时间与视频时长保持一致，如图2-5所示。

图2-2

图2-3

图2-4

图2-5

STEP 05 点击 « 按钮返回，点击"新增调节"按钮，如图2-6所示。

STEP 06 进入"调节"编辑界面，❶选择"亮度"选项，❷向右拖曳白色圆环滑块，将参数调至"6"，如图2-7所示。

STEP 07 ❶选择"对比度"选项，❷向右拖曳白色圆环滑块，将参数调至"13"，如图2-8所示。

STEP 08 ❶选择"饱和度"选项，❷向右拖曳白色圆环滑块，将参数调节至"10"，如图2-9所示。

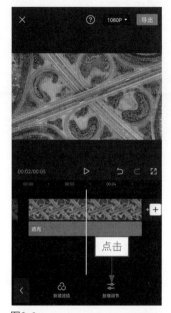

图2-6

图2-7

图2-8

图2-9

STEP 09 ❶选择"光感"选项，❷向左拖曳白色圆环滑块，将参数调至"-13"，如图2-10所示。

STEP 10 点击✔按钮，拖曳轨道左侧或右侧的白色拉杆，调整其持续时间与视频时长保持一致，如图2-11所示。

图2-10

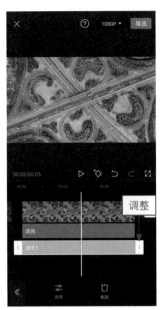

图2-11

2.1.2 运用风景滤镜调出小清新风格

【效果展示】风景滤镜也是剪映App中一种常用的滤镜，主要用于更改或者调整色调，使风景类视频的颜色更透亮、鲜艳，效果如图2-12所示。

扫码看效果

扫码看视频

（a）　　　　　　　　　　　（b）

（c）　　　　　　　　　　　（d）

图2-12

下面介绍在剪映App中运用风景滤镜调出小清新风格的操作方法。

STEP 01 在剪映App中导入一段视频素材，点击一级工具栏中的"滤镜"按钮，如图2-13所示。

STEP 02 进入"滤镜"编辑界面后,切换至"风景"滤镜选项卡,如图2-14所示。

图2-13 图2-14

STEP 03 执行操作后,选择"绿妍"滤镜效果,在预览区域可以看到画面效果,如图2-15所示。

STEP 04 点击 ✓ 按钮即可添加该滤镜,拖曳滤镜轨道右侧的白色拉杆,调整其持续时间与视频时长保持一致,如图2-16所示。

图2-15 图2-16

STEP 05 点击 《 按钮返回,点击"新增调节"按钮,如图2-17所示。

STEP 06 进入"调节"编辑界面,❶选择"亮度"选项,❷向右拖曳白色圆环滑块,将参数调至"10",如图2-18所示。

图2-17 图2-18

图2-19

图2-20

STEP 07 ❶选择"对比度"选项；❷向右拖曳白色圆环滑块，将参数调至"11"，如图2-19所示。

STEP 08 ❶选择"饱和度"选项；❷向右拖曳白色圆环滑块，将参数调至"22"，如图2-20所示。

图2-21

图2-22

STEP 09 ❶选择"光感"选项；❷向左拖曳白色圆环滑块，将参数调至"−11"，如图2-21所示。

STEP 10 点击✓按钮，拖曳轨道左侧或右侧的白色拉杆，调整其持续时间与视频时长保持一致，如图2-22所示。

2.1.3 运用美食滤镜让食物更加诱人

扫码看效果

扫码看视频

【效果展示】美食滤镜是剪映App中主要用于食物的滤镜。添加美食滤镜能让食物变得更加诱人，看起来更有食欲，效果如图2-23所示。

（a）

（b）

（c）

（d）

图2-23

下面介绍在剪映App中运用美食滤镜让食物更加诱人的操作方法。

STEP
01 在剪映App中导入一段视频素材，点击一级工具栏中的"滤镜"按钮，如图2-24所示。

STEP
02 进入"滤镜"编辑界面后，切换至"美食"滤镜选项卡，如图2-25所示。

图2-24

图2-25

STEP
03 用户可以多尝试一些滤镜，选择一个与短视频风格最相符的滤镜，让短视频中的美食更显美味，如图2-26所示。

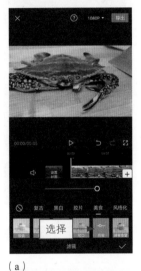

（a）

（b）

图2-26

STEP
04 ❶选择"轻食"滤镜效果；❷向左拖曳白色圆环滑块，适当调整滤镜的应用参数，如图2-27所示。

STEP
05 执行操作后，点击 ✓ 按钮，拖曳滤镜轨道右侧的白色拉杆，调整其持续时间与视频时长保持一致，如图2-28所示。

图2-27

图2-28

2.1.4 运用复古滤镜增加浓烈的画风

【效果展示】复古滤镜是剪映App中偏功能性的滤镜，添加复古滤镜能为视频添加复古气氛，效果如图2-29所示。

（a）

（b）

（c）

（d）

图2-29

图2-30

图2-31

下面介绍在剪映App中运用复古滤镜增加浓烈的画风的操作方法。

STEP 01 在剪映App中导入一段视频素材，点击一级工具栏中的"滤镜"按钮，如图2-30所示。

STEP 02 进入"滤镜"编辑界面后，❶切换至"复古"滤镜选项卡，❷选择"港风"滤镜效果，如图2-31所示。

图2-32

图2-33

STEP 03 点击 ✓ 按钮即可添加该滤镜，调整其持续时间与视频时长保持一致。点击 《 按钮返回，点击"新增调节"按钮，进入"调节"编辑界面，调整"亮度"参数为"12"，如图2-32所示。

STEP 04 调整"对比度"参数为"14"，如图2-33所示，调节画面的对比度效果。

STEP 05 调整"饱和度"参数为"18"，如图2-34所示，调节画面的饱和度效果。

STEP 06 点击 ✓ 按钮即可完成复古滤镜的调色效果的设置，然后调整持续时间，如图2-35所示。

图2-34

图2-35

运用胶片滤镜调出高级大片感

【效果展示】胶片滤镜能模仿市场上一些胶片相机的色调参数，能提供不同的相机色彩，效果如图2-36所示。

扫码看效果　　扫码看视频

（a）

（b）

（c）

（d）

图2-36

　　下面介绍在剪映App中运用胶片滤镜调出高级大片感的操作方法。

STEP 01 在剪映App中导入一段视频素材，点击一级工具栏中的"滤镜"按钮，如图2-37所示。

STEP 02 进入"滤镜"编辑界面后，❶切换至"胶片"滤镜选项卡，❷选择"KV5D"滤镜效果，如图2-38所示。

图2-37

图2-38

图2-39

图2-40

STEP 03 点击 ✓ 按钮即可添加该滤镜，调整其持续时间与视频时长保持一致。点击 《 按钮返回，点击"新增调节"按钮，如图2-39所示。

STEP 04 进入"调节"编辑界面，调整"对比度"参数为"12"，如图2-40所示。

图2-41

图2-42

STEP 05 调整"饱和度"参数为"10"，如图2-41所示，调节画面的饱和度效果。

STEP 06 调整"光感"参数为"-22"，如图2-42所示，调节画面的光感效果。

图2-43

图2-44

STEP 07 调整"色温"参数为"14"，如图2-43所示，调节画面的色温效果。

STEP 08 调整"色调"参数为"11"，如图2-44所示，调节画面的色调效果。点击 ✓ 按钮即可完成胶片滤镜的调色效果设置，然后调整持续时间。

2.1.6 运用电影滤镜调出画面影视感

【效果展示】电影滤镜能模仿一些比较经典的电影色调，可以满足用户的特殊需求，效果如图2-45所示。

（a）
（b）
（c）
（d）

图2-45

下面介绍在剪映App中运用电影滤镜调出高级大片感的操作方法。

STEP 01 在剪映App中导入一段视频素材，点击一级工具栏中的"滤镜"按钮，如图2-46所示。

STEP 02 进入"滤镜"编辑界面后，❶切换至"影视级"滤镜选项卡，❷选择"即刻春光"滤镜效果，如图2-47所示。

STEP 03 点击 ✓ 按钮即可添加该滤镜，调整其持续时间与视频时长保持一致。点击 《 按钮返回，点击"新增调节"按钮，如图2-48所示。

STEP 04 进入"调节"编辑界面，调整"亮度"参数为"14"，如图2-49所示。

图2-46

图2-47

图2-48

图2-49

图2-50

图2-51

STEP 05 调整"对比度"参数为"−8"，如图2-50所示，降低画面的对比度。

STEP 06 调整"饱和度"参数为"5"，如图2-51所示，调节画面的饱和度效果。

图2-52

图2-53

STEP 07 调整"光感"参数为"−5"，如图2-52所示，调节画面的光感效果。

STEP 08 点击✔按钮即可完成电影滤镜的调色效果的设置，然后调整持续时间，如图2-53所示。

【2.2 掌握多种网红色调的调色技巧

如今，人们的欣赏眼光越来越高，喜欢追求更有创造性的短视频作品。因此，在后期对短视频的色调进行处理时，不仅要突出画面主题，还要表现出适合主题的艺术气息，呈现完美的色调视觉效果。本节主要介绍5种网红色调的调色技巧。

2.2.1 调出视频黑金色调

【效果展示】电影滤镜能模仿一些比较经典的电影色调，可以满足用户的特殊需求，效果如图2-54所示。

扫码看效果

扫码看视频

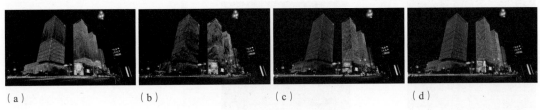

（a）　　　　　　　（b）　　　　　　　（c）　　　　　　　（d）

图2-54

下面介绍在剪映App中给视频调出黑金色调的操作方法。

STEP 01 在剪映App中导入一段视频素材，点击一级工具栏中的"滤镜"按钮，如图2-55所示。

STEP 02 进入"滤镜"编辑界面后，在"精选"滤镜选项卡中选择"黑金"滤镜效果，如图2-56所示。

图2-55

图2-56

STEP 03 点击 ✓ 按钮即可添加该滤镜，调整其持续时间与视频时长保持一致。点击 《 按钮返回，点击"新增调节"按钮，如图2-57所示。

STEP 04 进入"调节"编辑界面，调整"亮度"参数为"24"，如图2-58所示。

图2-57

图2-58

剪映短视频制作完全自学一本通
（手机版+电脑版）

图2-59

图2-60

STEP 05 调整"对比度"参数为"19"，如图2-59所示，调节画面的对比度效果。

STEP 06 调整"饱和度"参数为"15"，如图2-60所示，调节画面的饱和度效果。

图2-61

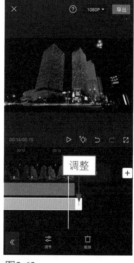

图2-62

STEP 07 调整"光感"参数为"13"，如图2-61所示，调节画面的光感效果。

STEP 08 点击☑️按钮即可调出视频的黑金色调，然后调整持续时间，如图2-62所示。

调出视频青橙色调

【效果展示】青橙色调是一种由青色和橙色组成的色调，调色后的视频整体呈现青、橙两种颜色，色彩对比非常鲜明，效果如图2-63所示。

扫码看效果

扫码看视频

（a）

（b）

（c）

（d）

图2-63

下面介绍在剪映App中调出视频青橙色调的操作方法。

STEP 01 在剪映App中导入一段视频素材，点击一级工具栏中的"滤镜"按钮，如图2-64所示。

STEP 02 进入"滤镜"编辑界面后，❶切换至"影视级"滤镜选项卡，❷选择"青橙"滤镜效果，如图2-65所示。

图2-64

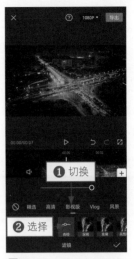

图2-65

STEP 03 点击✓按钮即可添加该滤镜，❶调整其持续时间与视频时长保持一致，点击《按钮返回；❷点击"新增调节"按钮，如图2-66所示。

STEP 04 进入"调节"编辑界面，调整"对比度"参数为"20"，如图2-67所示。

图2-66

图2-67

STEP 05 调整"饱和度"参数为"12"，如图2-68所示，调节画面的饱和度效果。

STEP 06 点击✓按钮即可调出视频的青橙色调，然后调整持续时间，如图2-69所示。

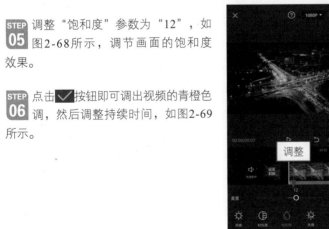

图2-68

图2-69

剪映短视频制作完全自学一本通
（手机版+电脑版）

2.2.3 调出蓝天白云色调

扫码看效果　　　　扫码看视频

【效果展示】当我们拍摄蓝天白云类视频时，可能拍摄出来的效果并不通透，此时可以运用剪映App调出画面的通透感，效果如图2-70所示。

（a）　　　　　　（b）　　　　　　（c）　　　　　　（d）

图2-70

图2-71

图2-72

下面介绍在剪映App中调出蓝天白云色调的操作方法。

STEP 01 在剪映App中导入一段视频素材，点击一级工具栏中的"调节"按钮，如图2-71所示。

STEP 02 进入"调节"编辑界面，调整"对比度"参数为"12"，如图2-72所示。

图2-73

图2-74

STEP 03 调整"饱和度"参数为"14"，如图2-73所示，将天空的颜色调蓝一点。

STEP 04 调整"光感"参数为"-14"，如图2-74所示，降低画面的亮度。

38

STEP 05 调整"锐化"参数为"24"，如图2-75所示，增强画面的锐化效果。

STEP 06 调整"高光"参数为"12"，如图2-76所示，提高画面高光部分的亮度。

图2-75

图2-76

STEP 07 调整"色温"参数为"-12"，如图2-77所示，使画面偏冷蓝色调。

STEP 08 点击✔按钮即可调出视频的蓝天白云色调，然后调整持续时间，如图2-78所示。

图2-77

图2-78

2.2.4 调出鲜花森系色调

【效果展示】森系色调是比较清新、偏森林的颜色，很适合用在有植物元素出现的视频中。森系色调最重要的一点就是处理绿色，可降低绿色饱和度，使其偏墨绿色。原图与效果对比如图2-79所示。

扫码看效果　　扫码看视频

（a） （b）

图2-79

下面介绍在剪映App中调出鲜花森系色调的操作方法。

STEP 01 在剪映App中导入一段视频素材，点击一级工具栏中的"滤镜"按钮，如图2-80所示。

STEP 02 进入"滤镜"编辑界面后，❶切换至"风景"滤镜选项卡，❷选择"京都"滤镜效果，如图2-81所示。

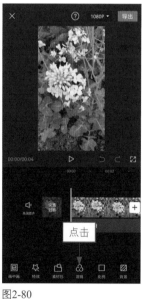

图2-80 图2-81

STEP 03 点击 ✓ 按钮即可添加该滤镜，❶调整其持续时间与视频时长保持一致，点击 ≪ 按钮返回；❷点击"新增调节"按钮，如图2-82所示。

STEP 04 进入"调节"编辑界面，调整"亮度"参数为"–20"，如图2-83所示，降低画面的曝光度。

图2-82

图2-83

STEP 05 调整"对比度"参数为"19"，如图2-84所示，提高画面的对比度。

STEP 06 调整"饱和度"参数为"9"，如图2-85所示，提高画面中绿色的饱和度。

图2-84

图2-85

图2-86

图2-87

STEP 07 调整"光感"参数为"-21"，如图2-86所示，降低画面的光感效果。

STEP 08 调整"锐化"参数为"46"，如图2-87所示，使画面更加清晰。

图2-88

图2-89

STEP 09 调整"色调"参数为"-19"，如图2-88所示，使画面偏冷色调。

STEP 10 调整"暗角"参数为"100"，如图2-89所示，给画面添加暗角效果。

图2-90

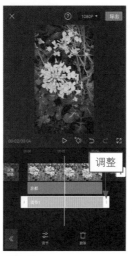

图2-91

STEP 11 点击 ✓ 按钮，此时时间线区域将会生成一条调节轨道，如图2-90所示。

STEP 12 拖曳调节轨道左侧或右侧的白色拉杆，调整其持续时间与视频时长保持一致，如图2-91所示。

2.2.5 调出人物肤白色调

扫码看效果　　扫码看视频

【效果展示】要想使短视频中的人物皮肤更加白皙，可以使用剪映App调出画面中人物的肤白色调，效果如图2-92所示。

（a）　　　　　（b）　　　　　（c）　　　　　（d）

图2-92

下面介绍在剪映App中调出人物肤白色调的操作方法。

STEP 01 在剪映App中导入一段视频素材，点击一级工具栏中的"调节"按钮，如图2-93所示。

STEP 02 进入"调节"编辑界面，调整"亮度"参数为"20"，如图2-94所示，提高画面的曝光度。

图2-93

图2-94

STEP 03 调整"对比度"参数为"13"，如图2-95所示，提高画面的对比度。

STEP 04 调整"饱和度"参数为"14"，如图2-96所示，提高画面的饱和度。

图2-95

图2-96

STEP 05 调整"光感"参数为"12"，如图2-97所示，使人物肤色更亮白。

STEP 06 调整"色调"参数为"−10"，如图2-98所示，使画面偏冷色调。

图2-97

图2-98

STEP 07 点击 ✓ 按钮，此时时间线区域会生成一条调节轨道，如图2-99所示。

STEP 08 拖曳调节轨道左侧或右侧的白色拉杆，调整其持续时间与视频时长保持一致，如图2-100所示。

图2-99

图2-100

第3章 制作专业的字幕效果

本章要点

我们在刷短视频的时候，常常可以看到很多短视频中都添加了字幕效果，如歌词或语音解说的文学内容，让观众在短短几秒内就能看懂更多的视频内容。同时，这些文字还有助于观众记住发布者要表达的信息，吸引他们点赞和关注。本章主要向读者介绍添加文字、识别字幕及制作文字动画效果的操作方法。

3.1 制作短视频文字效果

文字效果是短视频作品中不可或缺的重要元素，有时甚至在作品中起着主导作用。本节主要介绍制作短视频文字效果的操作方法。

3.1.1 在视频中添加文字内容

【效果展示】剪映App提供了多种文字样式，用户可以根据短视频主题的需要添加合适的文字样式，效果如图3-1所示。

（a）

（b）

扫码看效果

（c）

（d）

扫码看视频

图3-1

下面介绍使用剪映App添加文字的操作方法。

STEP 01 在剪映App中导入一段视频素材，点击"文字"按钮，如图3-2所示。

STEP 02 进入文字编辑界面，点击"新建文本"按钮，如图3-3所示。

图3-2

图3-3

STEP 03 在文本框中输入文字内容，如图3-4所示。

STEP 04 在预览区域调整文字的位置和大小，如图3-5所示。

图3-4

图3-5

STEP 05 ❶双击预览区域中的文字素材，❷在"样式"选项卡中设置合适的文字字体和样式效果，如图3-6所示。

STEP 06 点击✅按钮确认，将字幕轨道的长度调整为与视频轨道一致，如图3-7所示。

图3-6　　　　　　　　　　　　　　　　图3-7

在视频中添加花字效果

【效果展示】使用"花字"功能可以快速做出各种花样字幕效果，让视频中的文字更有表现力，如图3-8所示。

扫码看效果　　　扫码看视频

（a）　　　　　　（b）　　　　　　（c）　　　　　　（d）

图3-8

下面介绍使用剪映App添加花字效果的操作方法。

STEP 01 在剪映App中导入一段视频素材，❶拖曳时间轴至需要添加字幕的位置，❷点击"文字"按钮，如图3-9所示。

STEP 02 进入文字编辑界面，点击"新建文本"按钮，❶输入文字内容，❷在预览区域适当调整文字的位置和大小，如图3-10所示。

图3-9　　　　　　　　　　　　　　　　图3-10

图3-11

图3-12

STEP 03 ❶切换至"花字"选项卡，❷选择一个合适的花字样式，如图3-11所示。

STEP 04 调整字幕轨道的长度，如图3-12所示。

3.1.3 一键识别视频中的字幕

【效果展示】剪映App中的"识别字幕"功能准确率非常高，能够帮助用户快速识别视频中的背景声音并同步添加字幕，效果如图3-13所示。

扫码看效果

扫码看视频

（a）

（b）

（c）

（d）

图3-13

下面介绍使用剪映App识别视频字幕的具体操作方法。

STEP 01 在剪映App中导入一段视频素材，点击"文字"按钮，如图3-14所示。

STEP 02 进入文字编辑界面，点击"识别字幕"按钮，如图3-15所示。

图3-14

图3-15

STEP 03 弹出"自动识别字幕"对话框，点击"开始识别"按钮，如图3-16所示。

STEP 04 执行操作后，开始自动识别视频中的语音内容，如图3-17所示。

图3-16

图3-17

STEP 05 稍等片刻，即可自动生成对应的字幕轨道，如图3-18所示。

STEP 06 选择字幕轨道，点击"样式"按钮，❶选择合适的字体效果，❷在预览区域中适当调整字幕的大小和位置，如图3-19所示。

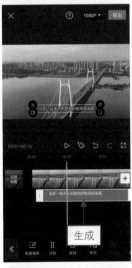
图3-18

图3-19

3.1.4 快速识别音频中的歌词

【效果展示】剪映App还能自动识别音频中的歌词内容，可以非常方便地为背景音乐添加动态歌词，效果如图3-20所示。

扫码看效果

扫码看视频

（a）　（b）　（c）　（d）

图3-20

剪映短视频制作完全自学一本通
（手机版+电脑版）

图3-21

图3-22

图3-23

图3-24

图3-25

图3-26

下面介绍使用剪映App识别歌词的操作方法。

STEP 01 在剪映App中导入一段视频素材，点击"文字"按钮，如图3-21所示。

STEP 02 进入文字编辑界面后，点击"识别歌词"按钮，如图3-22所示。

STEP 03 弹出"识别歌词"对话框，点击"开始识别"按钮，如图3-23所示。

STEP 04 执行操作后，开始自动识别视频背景音乐中的歌词内容，如图3-24所示。

STEP 05 稍等片刻，即可完成歌词识别，❶自动生成歌词字幕轨道，❷在预览区域中适当调整歌词字幕的大小，如图3-25所示。

STEP 06 点击"动画"按钮，如图3-26所示。

50

STEP 07 ❶在"入场动画"选项区中选择"卡拉OK"动画效果；❷拖曳右箭头滑块 ，调整动画时长；❸更改动画效果的颜色，如图3-27所示。

STEP 08 用上述方法为其他歌词添加相同的动画效果，如图3-28所示。

图3-27

图3-28

[3.2 制作文字动画效果

使用剪映App中的文字动画功能可以制作文字动画效果，如设置视频文字动画、制作文字滚屏效果、制作文字飞入效果及制作文字消散效果等内容。

3.2.1 设置视频文字动画

【效果展示】文字动画是一种非常新颖、火爆的文字形式。比如爱心在文字上跳动之后消失，文字向右边慢慢消失，效果如图3-29所示。

扫码看效果

扫码看视频

（a）

（b）

（c）

（d）

图3-29

下面介绍使用剪映App添加文字动画效果的具体操作方法。

STEP 01 在剪映App中导入一段视频素材，添加文字并设置相应的文字样式效果，如图3-30所示。

STEP 02 切换至"气泡"选项卡，❶选择一个合适的气泡样式模板，❷在预览区域调整模板的位置和大小，从而使短视频的文字主题更加突出，效果如图3-31所示。

STEP 03 切换至"动画"选项卡，在"入场动画"选项区中选择"爱心弹跳"动画效果，如图3-32所示。

STEP 04 拖曳蓝色的右箭头滑块 ，适当调整入场动画的持续时间，如图3-33所示。

图3-30

图3-31

图3-32

图3-33

STEP 05 在"出场动画"选项区中选择"向右擦除"动画效果，如图3-34所示。

STEP 06 拖曳红色的左箭头滑块←，适当调整出场动画的持续时间，如图3-35所示。

STEP 07 点击✓按钮确认，❶创建第2段字幕轨道，❷点击工具栏中的"动画"按钮，如图3-36所示。

STEP 08 为字幕添加文字动画，如图3-37所示。

图3-34

图3-35

图3-36

图3-37

3.2.2 制作文字滚屏效果

【效果展示】文字滚屏效果是电影中常常出现在片尾的一种字幕效果，文字被排列在一侧，然后从下缓缓向上滚动，效果如图3-38所示。

扫码看效果

扫码看视频

（a）

（b）

（c）

（d）

图3-38

下面介绍使用剪映App制作文字滚屏效果的操作方法。

STEP 01 在剪映App中导入一段视频素材，❶在预览区域将其画面缩小并调至左侧位置，❷点击"文字"按钮，如图3-39所示。

STEP 02 点击"新建文本"按钮，如图3-40所示。

图3-39

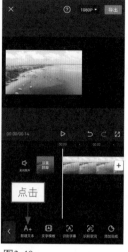

图3-40

STEP 03 ❶在文本框中输入相应的文字内容，❷选择合适的字体样式，如图3-41所示。

STEP 04 ❶切换至"排列"选项卡，❷适当调整"字间距"和"行间距"的参数，如图3-42所示。

图3-41

图3-42

STEP 05 ❶在预览区域调整文本框的大小和位置，将其拖曳至右下角；❷点击添加关键帧按钮添加关键帧，如图3-43所示。

STEP 06 ❶拖曳字幕轨道右侧的白色拉杆，调整文字的持续时间，使其与视频时长一致；❷在预览区域调整文本框的位置，将其拖曳至右上角，如图3-44所示。

图3-43

图3-44

3.2.3 制作文字飞入效果

【效果展示】文字飞入效果主要是使用剪映App的识别歌词功能和随机飞入动画制作而成的，这种文字效果同样适合用来制作歌词字幕，效果如图3-45所示。

扫码看效果　　扫码看视频

（a）　　　　（b）　　　　（c）　　　　（d）

图3-45

下面介绍使用剪映App制作文字飞入效果的操作方法。

STEP 01 在剪映App中导入一段视频素材，依次点击"文字"按钮和"识别歌词"按钮，如图3-46所示。

STEP 02 弹出"识别歌词"对话框，点击"开始识别"按钮，如图3-47所示。

图3-46　　　　　　　　　图3-47

STEP 03 识别完成后，❶选择第1段字幕轨道，❷点击"样式"按钮，如图3-48所示。

STEP 04 ❶选择一个合适的字体样式，切换至"排列"选项卡；❷选择一个合适的排列样式，并设置文字间距效果；❸在预览区域调整文字的位置和大小，如图3-49所示。

图3-48　　　　　　　　　图3-49

STEP 05 切换至"动画"选项卡，❶在"入场动画"选项区中选择"随机飞入"动画；❷拖曳滑块，调整动画时长，如图3-50所示。

STEP 06 ❶在"出场动画"选项区中选择"波浪弹出"动画；❷拖曳滑块，调整动画时长，如图3-51所示。最后，用同样的方法为其余文字添加动画效果。

图3-50 图3-51

3.2.4 制作文字消散效果

【效果展示】文字消散是非常浪漫唯美的一种字幕效果。文字缓缓从上面落下来，接着变成白色粒子飞散出去，效果如图3-52所示。

扫码看效果 扫码看视频

  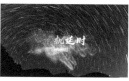 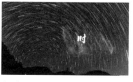

（a） （b） （c） （d）

图3-52

 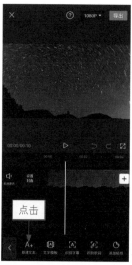

下面介绍使用剪映App制作文字消散效果的具体操作方法。

STEP 01 在剪映App中导入一段视频素材，❶拖曳时间轴至合适位置，❷点击"文字"按钮，如图3-53所示。

STEP 02 进入文字编辑界面，点击"新建文本"按钮，如图3-54所示。

图3-53 图3-54

STEP 03 在文本框中输入文字内容，如图3-55
所示。

STEP 04 点击 ✓ 按钮添加文字内容，点击
"样式"按钮，如图3-56所示。

图3-55

图3-56

STEP 05 执行操作后，进入"样式"编辑界
面，选择一个合适的字体样式，如
图3-57所示。

STEP 06 ❶切换至"阴影"选项卡；❷选择
一个合适的阴影颜色；❸拖曳"透
明度"选项的白色圆环滑块，调整阴影的
应用程度，如图3-58所示。

图3-57

图3-58

STEP 07 切换至"动画"选项卡，在"入场动
画"选项区中找到并选择"向下滑
动"动画效果，如图3-59所示。

STEP 08 拖曳右箭头滑块 →，将动画的持续时
间设置为"0.9s"，如图3-60所示。

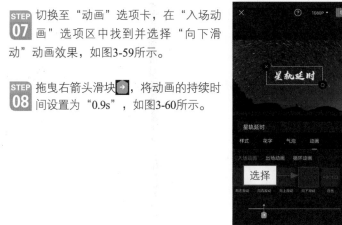

图3-59

图3-60

图3-61

图3-62

STEP 09 切换至"出场动画"选项卡，找到并选择"打字机II"动画效果，如图3-61所示。

STEP 10 拖曳左箭头滑块 ←，将动画的持续时间设置为"2.0s"，如图3-62所示。

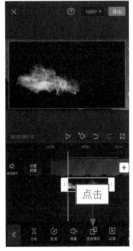

图3-63

图3-64

STEP 11 点击 ✓ 按钮确认，点击"画中画"按钮，再点击"新增画中画"按钮添加一个粒子素材，最后点击"混合模式"按钮，如图3-63所示。

STEP 12 执行操作后，选择"滤色"选项，如图3-64所示。

图3-65

图3-66

STEP 13 点击 ✓ 按钮确认，拖曳粒子素材的视频轨道至文字下滑后停住的位置，如图3-65所示。

STEP 14 选中粒子素材的视频轨道，调整视频画面的大小，使其铺满，如图3-66所示。

第4章 添加背景音乐与剪辑音频

本章要点

　　背景音乐是视频中不可或缺的元素，贴合视频的音乐能为视频增加记忆点和亮点。本章主要介绍如何在剪映 App 中添加音频、添加音效、下载热门音乐、剪辑音频、设置淡入淡出效果等内容，帮助大家为视频添加各种好听的音乐，利用音乐为视频增色增彩，让视频更容易传播。

【4.1 为视频添加背景音乐的方法

　　音乐是短视频的重要组成部分之一，一段切合视频的音乐能为视频锦上添花。本节主要讲解添加背景音乐的多种操作方法。

4.1.1 为视频添加背景音乐

　　【效果展示】剪映App中有多种音乐类型，我们可以选择合适的音乐添加到视频中。只要音乐好听、符合视频主题，就能为视频加分，效果如图4-1所示。

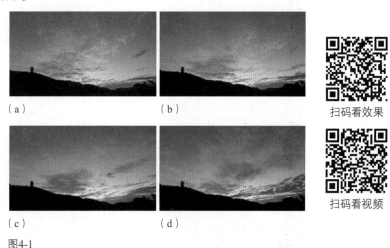

（a）　　　　　　　　　　（b）

　　　　　　　　　　　　　　　　　　扫码看效果

（c）　　　　　　　　　　（d）

　　　　　　　　　　　　　　　　　　扫码看视频

图4-1

　　下面介绍使用剪映App为视频添加背景音乐的操作方法。

STEP 01 在剪映App中导入一段视频素材，点击"关闭原声"按钮 🔇，为视频轨道中的素材设置静音效果，如图4-2所示。

STEP 02 点击"音频"按钮，如图4-3所示。

图4-2

图4-3

STEP 03 在新的界面中点击"音乐"按钮，如图4-4所示。

STEP 04 进入"添加音乐"界面，在这里显示了多种音乐类型，选择"抖音"选项，如图4-5所示。

图4-4

图4-5

STEP 05 点击所选音乐右侧的"使用"按钮，如图4-6所示。

STEP 06 此时，视频轨道下方出现了一条音频轨道，表示已成功添加背景音乐，如图4-7所示。

图4-6

图4-7

4.1.2 为视频添加场景音效

【效果展示】在剪映App中有很多音效素材，根据视频场景添加合适的音效能使视频更加动人，效果如图4-8所示。

扫码看效果

扫码看视频

（a） （b） （c） （d）

图4-8

下面介绍在剪映App中为视频添加场景音效的操作方法。

STEP 01 在剪映App中导入一段视频素材，点击"音频"按钮，如图4-9所示。

STEP 02 在新的界面中点击"音效"按钮，如图4-10所示。

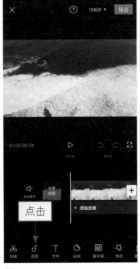
图4-9

图4-10

图4-11

图4-12

STEP 03 ❶切换至"环境音"选项卡，❷点击"Waves（long）"音效右侧的"使用"按钮，如图4-11所示。

STEP 04 执行操作后，即可成功为视频添加场景音效，如图4-12所示。

4.1.3　添加抖音收藏的音乐

【效果展示】在抖音平台刷视频时遇到自己喜欢的音乐就收藏起来，这样在剪映App中登录同一个抖音账号就可以使用已经收藏的音乐了，效果如图4-13所示。

扫码看效果

扫码看视频

（a）

（b）

（c）

（d）

图4-13

图4-14

图4-15

下面介绍在剪映App中给视频添加抖音收藏的音乐的操作方法。

STEP 01 在剪映App中导入一段视频素材，点击"音频"按钮，如图4-14所示。

STEP 02 在新的界面中点击"抖音收藏"按钮，如图4-15所示。

STEP 03 点击所选音乐右侧的"使用"按钮，如图4-16所示。

STEP 04 操作完成后，即可为视频成功添加背景音乐，如图4-17所示。

图4-16

图4-17

4.1.4 下载和添加抖音热门背景音乐

【效果展示】在剪映App中也能下载和添加抖音平台视频的背景音乐，效果如图4-18所示。

扫码看效果

扫码看视频

（a）　　　（b）　　　（c）　　　（d）

图4-18

下面介绍在剪映App中下载热门背景音乐的操作方法。

STEP 01 在剪映App中导入一段视频素材，点击"音频"按钮，如图4-19所示。

STEP 02 在新的界面中点击"音乐"按钮，如图4-20所示。

图4-19

图4-20

图4-21

图4-22

STEP 03 打开抖音App中的一段视频，点击分享按钮 ，如图4-21所示。

STEP 04 在新的界面中点击"复制链接"按钮复制视频链接，如图4-22所示。

图4-23

图4-24

STEP 05 回到剪映App，❶切换至"导入音乐"选项卡，❷粘贴链接至搜索栏，❸点击下载按钮⬇下载音频，❹点击所下载音频的右侧的"使用"按钮，如图4-23所示。

STEP 06 完成上一步的操作后，即可为视频成功添加背景音乐，如图4-24所示。

[4.2 剪辑音频的多种方法

添加背景音乐之后，还需要对音乐进行剪辑处理，使音乐更加符合视频的要求。本节主要介绍剪辑音乐的多种方法，希望读者熟练掌握本节内容。

4.2.1 对音频进行剪辑处理

【效果展示】在剪映App中，可以根据歌曲名称或者歌手名字来搜索歌曲，将其添加至视频并进行剪辑处理，让音频时长和视频时长一样，效果如图4-25所示。

扫码看效果　　　　扫码看视频

（a） （b） （c） （d）

图4-25

下面介绍在剪映App中对音频进行剪辑处理的操作方法。

STEP
01
在剪映App中导入一段视频素材，点击"音频"按钮，如图4-26所示。

STEP
02
在新的界面中点击"音乐"按钮，如图4-27所示。

图4-26

图4-27

STEP
03
❶在搜索栏中输入歌曲名称，❷点击"搜索"按钮，如图4-28所示。

STEP
04
执行操作后，在歌曲界面点击所选歌曲右侧的"使用"按钮，如图4-29所示。

图4-28

图4-29

图4-30

图4-31

STEP 05 执行操作后，即可添加歌曲文件，将时间轴移动至8秒左右需要剪辑的位置处，如图4-30所示。

STEP 06 点击工具栏中的"分割"按钮，即可将音乐素材分割为两段，❶选择剪辑后的前段音乐素材，❷点击"删除"按钮，如图4-31所示。

图4-32

图4-33

STEP 07 执行操作后，即可删除前段音乐素材，如图4-32所示。

STEP 08 按住音乐素材不放，将剪辑后的音乐素材移至视频起始位置，如图4-33所示。

图4-34

图4-35

STEP 09 ❶拖曳时间轴至视频结束位置，❷点击"分割"按钮分割素材，如图4-34所示。

STEP 10 选择分割出来的要删除的音频，点击"删除"按钮，即可对音频进行删除操作，如图4-35所示。

4.2.2 设置淡入淡出的效果

【效果展示】有些音频在经过剪辑处理后，可能出现开始和结束时的音量比较突兀的情况，因此可设置淡入和淡出的效果让音频过渡自然，如图4-36所示。

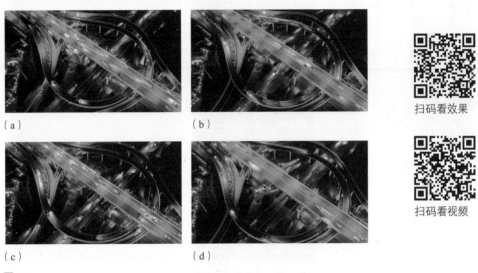

扫码看效果

扫码看视频

（a） （b）

（c） （d）

图4-36

下面介绍在剪映App中设置淡入淡出效果的操作方法。

STEP 01 在剪映App中导入一段视频素材，点击"音频"按钮，如图4-37所示。

STEP 02 在新的界面中点击"音乐"按钮，如图4-38所示。

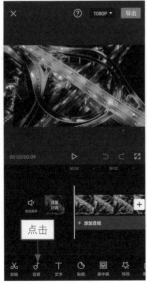

图4-37

图4-38

剪映短视频制作完全自学一本通
（手机版+电脑版）

图4-39

图4-40

STEP 03 在新的界面中选择"抖音"选项，如图4-39所示。

STEP 04 点击所选音乐右侧的"使用"按钮，如图4-40所示。

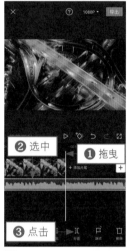

图4-41

图4-42

STEP 05 ❶拖曳时间轴至视频结束位置，❷选中音频轨道，❸点击"分割"按钮，如图4-41所示。

STEP 06 ❶选择分割出来的要删除的音频，❷点击"删除"按钮即可对音频进行剪辑处理，如图4-42所示。

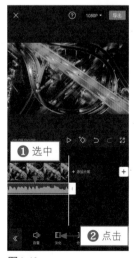

图4-43

图4-44

STEP 07 ❶选中音频轨道，❷点击"淡化"按钮，如图4-43所示。

STEP 08 在"淡化"界面中拖曳滑块，设置"淡入时长"和"淡出时长"为"2s"，如图4-44所示。

4.2.3 对音频进行变声处理

【效果展示】在剪映App中可以对录制的音频进行变声处理来掩盖原声，趣味性较强，如图4-45所示。

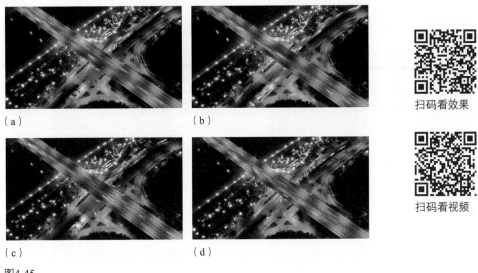

（a）　　　　　　　　　　　　　　（b）

（c）　　　　　　　　　　　　　　（d）

图4-45

下面介绍在剪映App中对音频进行变声处理的操作方法。

STEP 01　在剪映App中导入一段视频素材，点击"音频"按钮，如图4-46所示。

STEP 02　在新的界面中点击"录音"按钮，如图4-47所示。

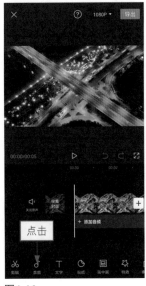

图4-46

图4-47

STEP 03 ❶长按"按住录音"按钮进行录音，❷录音完成后点击✔按钮，如图4-48所示。

STEP 04 ❶选择"录音1"音频素材，❷点击"变声"按钮，如图4-49所示。

图4-48

图4-49

STEP 05 ❶选择"扩音器"选项，❷点击✔按钮，如图4-50所示。

STEP 06 点击播放按钮▷，试听变声效果，如图4-51所示。

图4-50

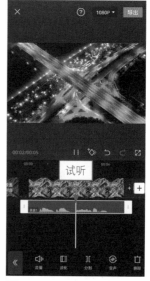

图4-51

4.2.4 调整音频音量的大小

【效果展示】如果添加的音频音量太大或者太小，就可以运用设置音量功能调整音量大小，如图4-52所示。

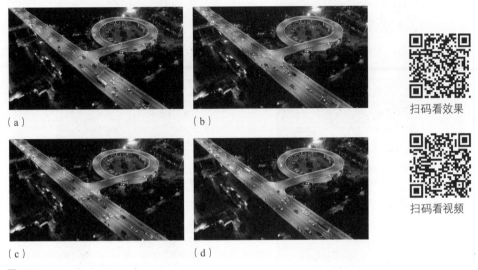

扫码看效果

扫码看视频

（a） （b）

（c） （d）

图4-52

下面介绍在剪映App中调整音频音量大小的操作方法。

STEP 01 在剪映App中导入一段视频素材，❶点击"关闭原声"按钮 🔇，❷点击"音频"按钮，如图4-53所示。

STEP 02 在新的界面中点击"音效"按钮，如图4-54所示。

图4-53

图4-54

STEP 03 ❶切换至"交通"选项卡，❷点击"汽车行驶"音效右侧的"使用"按钮，如图4-55所示。

STEP 04 ❶选择音效素材，❷点击"音量"按钮，如图4-56所示。

图4-55

图4-56

STEP 05 ❶拖曳滑块，设置音量参数为"111"，❷点击 ✔ 按钮，如图4-57所示。

STEP 06 调整音效素材的时长，使其与视频素材的时长一致，如图4-58所示。

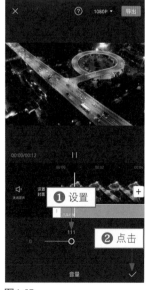

图4-57

图4-58

第5章　制作视频相册卡点特效

本章要点

如何使自己的短视频在各种短视频中脱颖而出呢？当然必不可少的就是学会变速和卡点，而且不仅是只能用照片卡点。只要掌握了变速技巧，各种视频也能卡点。本章主要介绍制作荧光线描卡点特效、录像卡点特效、照片卡点特效、抽帧卡点特效及变速卡点特效等，帮助用户掌握卡点技巧，学会卡点要领。

5.1　制作常见的视频卡点特效

用户可以为视频添加合适的卡点音乐，然后运用"踩点""特效""玩法"等功能轻松制作出卡点视频。本节介绍3种常见卡点特效的制作方法。

5.1.1　制作荧光线描卡点特效

【效果展示】看似很难制作的火遍全网的荧光线描卡点特效，在剪映App中可以很轻松地制作出来，效果如图5-1所示。

（a）　　　　　　（b）

扫码看效果

扫码看视频

（c）　　　　　　（d）

图5-1

剪映短视频制作完全自学一本通
（手机版+电脑版）

图5-2

图5-3

下面介绍使用剪映App制作荧光线描卡点特效的操作方法。

STEP 01 在剪映App中导入4段素材，并添加合适的卡点音乐，❶选择音频轨道，❷点击下方工具栏中的"踩点"按钮，如图5-2所示。

STEP 02 进入"踩点"界面后，❶点击"自动踩点"按钮，❷选择"踩节拍I"选项，如图5-3所示。

图5-4

图5-5

STEP 03 点击✓按钮，拖曳第1段视频轨道右侧的白色拉杆，将其对准音频轨道中的第2个黄色小圆点，如图5-4所示。

STEP 04 点击《按钮返回，❶拖曳时间轴至第1段视频的起始位置，❷点击"特效"按钮，如图5-5所示。

图5-6

图5-7

STEP 05 ❶切换至"漫画"选项卡，❷选择"荧光线描"特效，如图5-6所示。

STEP 06 点击✓按钮添加特效，拖曳特效轨道右侧的白色拉杆，调整特效的持续时间，使其与第1段视频素材的时长保持一致，如图5-7所示。

STEP 07 点击 《 按钮返回，点击"画面特效"按钮，如图5-8所示。

STEP 08 ❶切换至"氛围"选项卡，❷选择"星火炸开"特效，如图5-9所示。

图5-8　　　　　　　　　图5-9

STEP 09 点击 ✓ 按钮，❶选择第2段视频轨道，拖曳其右侧的白色拉杆，使其对准音频轨道中的第3个黄色小圆点；❷用同样的方法调整"星火炸开"特效的区间长度，如图5-10所示。

STEP 10 点击 《 按钮返回主界面，❶拖曳时间轴至起始位置，❷依次点击"画中画"按钮和"新增画中画"按钮，如图5-11所示。

图5-10　　　　　　　　　图5-11

STEP 11 再次导入第1段视频素材，❶拖曳其右侧的白色拉杆与第1段视频轨道对齐；❷在预览区域调整画中画视频的画面大小，使其铺满屏幕；❸点击下方工具栏中的"玩法"按钮；❹选择"日漫"玩法，如图5-12所示。

（a）　　　　　　　　　（b）

图5-12

STEP 12 生成漫画效果后，点击"混合模式"按钮，在混合模式菜单中选择"滤色"选项，如图5-13所示。

STEP 13 点击✓按钮，❶选择第1段视频素材，❷依次点击"动画"按钮和"入场动画"按钮，如图5-14所示。

STEP 14 ❶在"入场动画"选项区中选择"向右滑动"动画效果；❷拖曳白色圆环滑块，调整动画效果的时长，使其与第1段视频时长保持一致，如图5-15所示。

图5-13

图5-14

图5-15

STEP 15 ❶选择第1段画中画视频素材，❷依次点击"动画"按钮和"入场动画"按钮，如图5-16所示。

STEP 16 ❶在"入场动画"选项区中选择"向左滑动"动画效果；❷拖曳白色圆环滑块，调整动画时长，使其与第1段画中画视频时长保持一致，如图5-17所示。

图5-16

图5-17

5.1.2　制作录像卡点特效

扫码看效果　　扫码看视频

【效果展示】录像卡点特效就是像录像机一样地定格切换画面，有一种现场录像画面再现的感觉，效果如图5-18所示。

（a）　　　　　　　（b）　　　　　　　（c）　　　　　　　（d）

图5-18

下面介绍在剪映App中制作录像卡点特效的具体操作方法。

STEP 01 在剪映App中导入4张照片素材，点击"音频"按钮，如图5-19所示。

STEP 02 添加卡点音乐，❶选择音频轨道，❷点击"踩点"按钮，如图5-20所示。

图5-19

图5-20

图5-21

图5-22

STEP
03 ❶点击"自动踩点"按钮，❷选择
"踩节拍I"选项，如图5-21所示。

STEP
04 调整每段素材的时长，分别对齐每
两个小黄点，如图5-22所示。

图5-23

图5-24

STEP
05 回到主界面，❶拖曳时间轴至视频
起始位置，❷点击"特效"按钮，
如图5-23所示。

STEP
06 ❶切换至"基础"选项卡，❷选择
"变清晰"特效，如图5-24所示。

图5-25

图5-26

STEP
07 ❶调整特效时长，使其与第1段素
材的时长一致；❷点击"复制"按
钮，如图5-25所示。

STEP
08 调整复制特效的时长，使其与第2段
素材的时长一致，如图5-26所示。

STEP 09 用同样的方法添加剩下的特效，如图5-27所示。

STEP 10 点击《按钮返回，❶拖曳时间轴至视频起始位置，❷点击"画面特效"按钮，如图5-28所示。

图5-27

图5-28

STEP 11 ❶切换至"边框"选项卡，❷选择"录制边框II"特效，如图5-29所示。

STEP 12 调整"录制边框II"特效的时长，使其与视频时长一致，如图5-30所示。

图5-29

图5-30

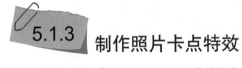

5.1.3 制作照片卡点特效

【效果展示】制作照片卡点特效的诀窍在于对卡点音乐的把握，以及添加相应的动画和特效。使用照片卡点特效能让照片切换更有张力，效果如图5-31所示。

扫码看效果

扫码看视频

剪映短视频制作完全自学一本通
（手机版+电脑版）

（a） （b） （c） （d）

图5-31

下面介绍在剪映App中制作照片卡点特效的具体操作方法。

STEP 01 在剪映App中导入一张照片素材，添加卡点音乐，❶选择音频轨道，❷点击"踩点"按钮，如图5-32所示。

STEP 02 点击 ➕添加点 按钮，根据音乐节奏手动添加五个小黄点，如图5-33所示。

图5-32

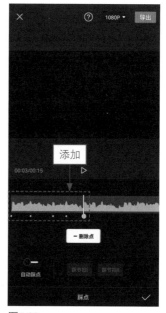

图5-33

STEP
03
❶调整视频轨道中素材的时长,使其结尾对齐第4个小黄点;❷点击"比例"按钮,如图5-34所示。

STEP
04
选择"9:16"选项,如图5-35所示。

图5-34

图5-35

STEP
05
回到主界面,❶拖曳时间轴至视频起始位置,❷依次点击"画中画"按钮和"新增画中画"按钮,如图5-36所示。

STEP
06
添加第2段素材,并调整其时长,使其开头和结尾分别对齐第2个和第4个小黄点,如图5-37所示。

图5-36

图5-37

STEP
07
用同样的方法添加第3段素材,❶调整其时长,使其开头和结尾分别对齐第3个和第4个小黄点;❷调整3段素材在画面中的位置,如图5-38所示。

STEP
08
拖曳时间轴至视频末尾位置,点击┼按钮,依次添加两段素材,根据小黄点的位置调整这两段素材的时长,如图5-39所示。

图5-38

图5-39

图5-40

图5-41

STEP 09 ❶拖曳时间轴至视频轨道第2段素材起始位置，❷点击"背景"按钮，如图5-40所示。

STEP 10 点击"画布模糊"按钮，如图5-41所示。

图5-42

图5-43

STEP 11 为后面两段素材分别添加"画布模糊"界面中的第2个样式。❶选择视频轨道中的第1段素材，❷点击"动画"按钮，如图5-42所示。

STEP 12 在新的界面中点击"入场动画"按钮，如图5-43所示。

图5-44

图5-45

STEP 13 ❶选择"向右甩入"动画，❷适当调整动画时长，如图5-44所示，并为第1个画中画轨道和第2个画中画轨道中的素材都添加同样的动画效果。

STEP 14 为视频轨道中的第2段素材添加"缩放"组合动画，如图5-45所示。

STEP 15 为视频轨道中的第3段素材添加"缩放II"组合动画,如图5-46所示。

STEP 16 为视频轨道中的第3段素材添加"冲击波"和"彩虹幻影"特效,如图5-47所示。

图5-46

图5-47

5.2 制作高级感视频卡点特效

　　用户可以尝试运用剪映App的多项功能对视频进行综合处理,制作出更出彩的卡点视频。本节主要介绍制作抽帧卡点和变速卡点特效的操作方法。

5.2.1 制作抽帧卡点特效

　　【效果展示】抽帧卡点特效的制作方法是根据音乐节奏有规律地删除视频片段,也就是通过抽掉一些视频帧,从而实现卡点,如图5-48所示。

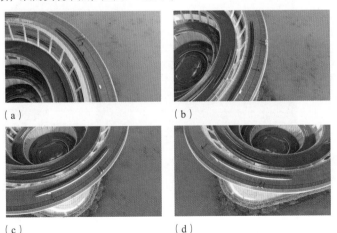

（a）　　　　　　　　　　（b）

（c）　　　　　　　　　　（d）

图5-48

扫码看效果

扫码看视频

下面介绍在剪映App中制作抽帧卡点特效的操作方法。

STEP 01 在剪映App中导入一段视频素材，点击"音频"按钮，如图5-49所示。

STEP 02 添加卡点音乐后，❶选择音频轨道，❷点击"踩点"按钮，如图5-50所示。

STEP 03 ❶点击"自动踩点"按钮，❷选择"踩节拍II"选项，❸点击 ✓ 按钮确认操作，如图5-51所示。

STEP 04 ❶选择视频轨道，❷拖曳时间轴至第2个小黄点的位置，❸点击"分割"按钮，如图5-52所示。

STEP 05 ❶拖曳时间轴至第3个小黄点的位置，❷点击"分割"按钮，如图5-53所示。

STEP 06 ❶选中分割出来的素材，❷点击"删除"按钮，如图5-54所示。

图5-49

图5-50

图5-51

图5-52

图5-53

图5-54

STEP 07 ❶选择视频轨道的后半段素材，❷拖曳时间轴至第3个小黄点的位置，❸点击"分割"按钮，如图5-55所示。

STEP 08 ❶拖曳时间轴至第4个小黄点的位置，❷点击"分割"按钮，如图5-56所示。

图5-55　　　　　　　　　图5-56

STEP 09 ❶选中分割出来的素材，❷点击"删除"按钮，如图5-57所示。

STEP 10 重复上面的操作，直至视频10秒位置，删除多余的视频和音频，如图5-58所示。

图5-57　　　　　　　　　图5-58

5.2.2　制作变速卡点特效

【效果展示】变速卡点在于把握音乐的节奏，然后进行变速处理，让视频播放速度跟着音乐节奏变化，效果如图5-59所示。

扫码看效果　　　扫码看视频

（a）　　　　　（b）　　　　　（c）　　　　　（d）

图5-59

下面介绍在剪映App中制作变速卡点特效的操作方法。

STEP 01 在剪映App中导入一段视频素材，❶选择视频轨道，❷依次点击"变速"按钮和"常规变速"按钮，如图5-60所示。

STEP 02 ❶拖曳滑块设置变速参数为"0.5×"，❷点击"导出"按钮，如图5-61所示。

图5-60

图5-61

STEP 03 导入上一步导出的视频素材，添加卡点音乐，❶选择音频轨道，❷点击"踩点"按钮，如图5-62所示。

STEP 04 点击 +添加点 按钮，根据音乐节奏手动添加小黄点，如图5-63所示。

图5-62

图5-63

STEP 05 ❶选择视频轨道，❷拖曳时间轴至视频5秒左右的位置，❸点击"分割"按钮，如图5-64所示。

STEP 06 ❶选择视频轨道中的前半部分视频素材，❷依次点击"变速"按钮和"常规变速"按钮，如图5-65所示。

图5-64

图5-65

STEP 07 ❶拖曳滑块设置变速参数为"4.5×"左右，❷点击 ✓ 按钮，如图5-66所示。

STEP 08 ❶拖曳时间轴至第2个小黄点的位置，❷点击"分割"按钮，如图5-67所示。

图5-66

图5-67

STEP 09 ❶选择视频轨道中的第3段素材，❷拖曳时间轴至视频8秒左右的位置，❸点击"分割"按钮，如图5-68所示。

STEP 10 ❶选择视频轨道中刚才分割出的前半部分素材，❷依次点击"变速"按钮和"常规变速"按钮，如图5-69所示。

图5-68

图5-69

STEP 11 ❶设置变速参数为"4.8×"左右，❷点击 ✓ 按钮，如图5-70所示。

STEP 12 重复上述操作，直至视频素材的末尾位置，最后删除多余的音频，如图5-71所示。

图5-70

图5-71

第6章 综合案例：《旅游风光》

本章要点

本章以综合案例的形式向读者讲解使用剪映 App 制作旅游风光类视频的方法，主要包括制作片头文字开场效果、剪辑视频素材、添加转场效果、制作字幕效果、制作片尾效果、制作背景音乐及输出成品视频并发布抖音等的方法。希望读者可以举一反三，制作出更多精彩的短视频。

[6.1 《旅游风光》效果展示

【效果展示】本案例主要用来展示自己旅途中拍摄的各种风光短视频，记录自己走过的每一处风景，节奏舒缓，画面过渡自然，效果如图6-1所示。

扫码看效果

扫码看视频

图6-1

[6.2 《旅游风光》制作流程

制作《旅游风光》短视频需要用到剪映App的多项功能，如"蒙版"功能、"分割"功能、"动画"功能、"特效"功能、"文字"功能、"音频"功能等。本节主要介绍《旅游风光》短视频的制作流程。

 制作片头文字开场效果

一个好看的视频片头效果可以吸引观众的目光，留住观众的视线，提升短视频的完播率。下面介绍制作片头文字开场效果的操作方法。

图6-2

图6-3

STEP 01 在手机屏幕上点击"剪映"图标，打开剪映App，进入"剪映"主界面，点击"开始创作"按钮，如图6-2所示。

STEP 02 进入"照片视频"界面，点击"素材库"按钮，如图6-3所示。

图6-4

图6-5

STEP 03 进入该界面后，可以看到素材库内置了丰富的素材，❶在"黑白场"选项卡中选择一段黑色背景素材，❷点击"添加"按钮，如图6-4所示。

STEP 04 执行上一步的操作即可将黑色背景素材导入剪映App中，点击下方的"文字"按钮，如图6-5所示。

STEP 05 进入文字编辑界面,点击"新建文本"按钮,如图6-6所示。

STEP 06 在文本框中输入相应文字内容,如图6-7所示。

图6-6

图6-7

STEP 07 在"样式"选项卡中,设置合适的字体效果,如图6-8所示。

STEP 08 调整文字的大小和位置,如图6-9所示。

图6-8

图6-9

STEP 09 切换至"动画"选项卡,在"入场动画"选项区中选择"缩小"动画效果,如图6-10所示。

STEP 10 拖曳滑块,将动画时长调整为"1.7s",如图6-11所示。

图6-10

图6-11

图6-12

图6-13

STEP 11 点击"导出"按钮，导出字幕，效果如图6-12所示。

STEP 12 返回剪映App主界面，点击"开始创作"按钮，如图6-13所示。

图6-14

图6-15

STEP 13 进入"照片视频"界面，❶选择一段视频素材，❷点击"添加"按钮，如图6-14所示。

STEP 14 执行上一步的操作即可导入视频素材，依次点击"画中画"按钮和"新增画中画"按钮，如图6-15所示。

图6-16

图6-17

STEP 15 进入"照片视频"界面，导入刚刚导出的字幕素材，如图6-16所示。

STEP 16 在预览区域放大视频画面，使其占满屏幕，如图6-17所示。

STEP 17 拖曳时间轴至2秒的位置,选择混合模式菜单中的"正片叠底"选项,制作文字镂空效果,如图6-18所示。

STEP 18 双指缩放视频画面,将字幕再调大一点,如图6-19所示。

图6-18　　　　　　　　　　图6-19

STEP 19 点击 ✓ 按钮确认操作,点击"分割"按钮分割视频素材,如图6-20所示。

STEP 20 在下方工具栏中点击"蒙版"按钮,如图6-21所示。

图6-20　　　　　　　　　　图6-21

STEP 21 进入"蒙版"界面,选择"线性"选项,如图6-22所示。

STEP 22 点击 ✓ 按钮确认操作,点击"复制"按钮,如图6-23所示。

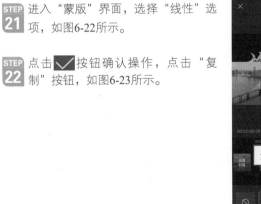 

图6-22　　　　　　　　　　图6-23

图6-24

图6-25

STEP 23 执行操作后，即可复制后一部分的画中画素材，如图6-24所示。

STEP 24 将其拖曳至原轨道的下方，❶选择复制的画中画素材，❷点击"蒙版"按钮，如图6-25所示。

图6-26

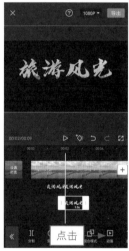

图6-27

STEP 25 进入"蒙版"界面，选择"线性"选项，点击"反转"按钮，如图6-26所示。

STEP 26 点击✔按钮确认操作，点击"动画"按钮，如图6-27所示。

图6-28

图6-29

STEP 27 在下方工具栏中点击"出场动画"按钮，如图6-28所示。

STEP 28 ❶选择"向下滑动"动画效果，❷设置动画时长，如图6-29所示。

STEP 29 点击 ✓ 按钮确认操作，❶选择画中画素材，❷点击"出场动画"按钮，如图6-30所示。

STEP 30 ❶选择"向上滑动"动画效果，❷设置动画时长，如图6-31所示。

STEP 31 单击播放按钮 ▷，预览制作的片头文字开场效果，如图6-32所示。

图6-30

图6-31

（a）

（b）

（c）

（d）

图6-32

6.2.2 剪辑并添加多段视频素材

片头文字开场效果制作完成后，接下来需要导入并剪辑视频素材，具体操作步骤如下。

STEP 01 ❶拖曳时间轴至6秒的位置，❷点击"分割"按钮，如图6-33所示。

STEP 02 ❶选择分割出来的后半部分视频素材，❷点击"删除"按钮，如图6-34所示。

图6-33

图6-34

图6-35

图6-36

STEP 03 执行上一步的操作后即可删除视频素材，点击视频轨道右侧的 + 按钮，如图6-35所示。

STEP 04 进入"照片视频"界面，从中选择多个视频素材，如图6-36所示。

图6-37

图6-38

STEP 05 点击"添加"按钮，即可将视频导入剪映App中，❶选择第2段视频素材，❷点击"变速"按钮，如图6-37所示。

STEP 06 在新的界面中点击"常规变速"按钮，如图6-38所示。

图6-39

图6-40

STEP 07 在"变速"界面中，向右拖曳红色圆环至"5.0×"，如图6-39所示，对视频进行5倍变速处理。

STEP 08 选择第3段视频素材，点击"常规变速"按钮，如图6-40所示。

STEP 09 向右拖曳红色圆环至"6.3×"，如图6-41所示。

STEP 10 设置第4段素材的变速参数为"2.4×"，如图6-42所示。

图6-41

图6-42

STEP 11 设置第5段素材的变速参数为"2.0×"，如图6-43所示。

STEP 12 设置第6段素材的变速参数为"2.0×"，如图6-44所示。

图6-43

图6-44

STEP 13 设置第7段素材的变速参数为"5.9×"，如图6-45所示。

STEP 14 将最后一段视频的画面调大至铺满整个屏幕，如图6-46所示。

图6-45

图6-46

STEP 15 将时间轴移至起始位置，单击播放按钮 ▷，预览剪辑的视频画面效果，如图6-47所示。

（a）　　　　　　　　（b）　　　　　　　　（c）

（d）　　　　　　　　（e）　　　　　　　　（f）

图6-47

6.2.3 为视频添加丰富的转场效果

视频素材之间的切换少不了转场效果，好看的转场效果能让人耳目一新。下面介绍为视频添加转场效果的操作方法。

STEP 01 点击视频轨道中的第1个转场按钮 ┃，如图6-48所示。

STEP 02 进入"转场"界面，❶切换至"遮罩转场"选项卡，❷选择"圆形遮罩"转场，如图6-49所示。

图6-48

图6-49

STEP 03 ❶将"转场时长"设置为"1.0s"，❷点击 ✓ 按钮，如图6-50所示。

STEP 04 执行操作后，视频轨道中显示了添加的转场图标 ⋈，如图6-51所示。

STEP 05 用同样的方法，❶为第2段与第3段视频素材之间添加"水墨"转场，❷调整转场时长，如图6-52所示。

图6-50

图6-51

图6-52

STEP 06 ❶为第3段与第4段视频素材之间添加"粒子"转场，❷调整转场时长，如图6-53所示。

STEP 07 ❶为第4段与第5段视频素材之间添加"色差顺时针"转场，❷调整转场时长，如图6-54所示。

STEP 08 ❶为第5段与第6段视频素材之间添加"拉远"转场，❷调整转场时长，如图6-55所示。

图6-53

图6-54

图6-55

STEP 09 ❶为第6段与第7段视频素材之间添加"云朵"转场，❷调整转场时长，如图6-56所示。

STEP 10 点击 ☑ 按钮确认操作，视频轨道中即可显示转场图标 ⋈ ，如图6-57所示。

图6-56

图6-57

STEP 11 将时间轴移至起始位置，单击播放按钮 ▷ 预览添加的视频转场效果，如图6-58所示。

（a）　　　　　　　（b）　　　　　　　（c）

（d）　　　　　　　（e）　　　　　　　（f）

图6-58

6.2.4　制作视频字幕说明效果

　　在短视频作品中，好的字幕说明能够吸引流量，提升短视频的质量，给视频起到解说的作用。下面介绍制作视频字幕说明效果的操作方法。

STEP 01 ❶拖曳时间轴至3秒的位置，❷点击"文字"按钮，如图6-59所示。

STEP 02 进入文字编辑界面，点击"新建文本"按钮，如图6-60所示。

STEP 03 在文本框中输入相应的文字内容，如图6-61所示。

STEP 04 在"样式"选项卡中设置合适的文字字体和样式效果，如图6-62所示。

STEP 05 在预览区域调整文字的位置和大小，如图6-63所示。

STEP 06 点击 ✓ 按钮即可自动生成相应的字幕轨道，如图6-64所示。

图6-59

图6-60

图6-61

图6-62

图6-63

图6-64

STEP 07 ❶适当调整字幕的持续时间，❷将时间轴移至5秒的位置，❸点击"新建文本"按钮，如图6-65所示。

STEP 08 在文本框中输入相应的文字内容，并设置字体和样式效果，如图6-66所示。

STEP 09 点击✔按钮即可自动生成相应的字幕轨道，如图6-67所示。

图6-65

图6-66

图6-67

STEP 10 ❶更改上方视频素材的变速参数为"3.6×"，延长视频素材的持续时间；❷适当调整下方字幕的持续时间；❸将时间轴移至7秒的位置；❹点击"新建文本"按钮，如图6-68所示。

STEP 11 在文本框中输入相应的文字内容，如图6-69所示。

STEP 12 点击✔按钮确认操作，❶更改上方视频素材的变速参数为"4.5×"，❷适当调整下方字幕的持续时间，如图6-70所示。

图6-68

图6-69

图6-70

STEP 13 用同样的方法，在第4段视频素材下方输入相应的文字内容，并调整视频与字幕的持续时间，如图6-71所示。

STEP 14 在第5段视频素材下方输入相应的文字内容，如图6-72所示。

STEP 15 在第6段视频素材下方输入相应的文字内容，如图6-73所示。

图6-71

图6-72

图6-73

STEP 16 调整第7段视频素材的变速参数为"4.1×"，延长视频素材的持续时间，如图6-74所示。

STEP 17 在合适位置输入相应的文字内容，调整字幕的持续时间，如图6-75所示。

图6-74

图6-75

（手机版+电脑版）

STEP 18 将时间轴移至起始位置，单击播放按钮▷预览添加的字幕效果，如图6-76所示。

（a）

（b）

（c）

（d）

（e）

（f）

图6-76

6.2.5 制作视频片尾闭幕效果

下面主要介绍运用剪映App的"闭幕"特效制作视频的片尾效果，模拟出电影闭幕的画面效果，具体操作步骤如下。

STEP 01 ❶拖曳时间轴至19秒的位置，❷点击"特效"按钮，如图6-77所示。

STEP 02 在下方工具栏中点击"画面特效"按钮，如图6-78所示。

STEP 03 点击"基础"标签，切换至"基础"选项卡，其中显示了多种画面特效，如图6-79所示。

图6-77

图6-78

图6-79

STEP 04 选择"闭幕"特效,如图6-80所示。

STEP 05 点击按钮即可自动生成对应的特效轨道,如图6-81所示。

STEP 06 拖曳特效轨道右侧的白色拉杆调整特效的时长,如图6-82所示。

图6-80

图6-81

图6-82

STEP 07 单击播放按钮 预览添加的"闭幕"特效,如图6-83所示。

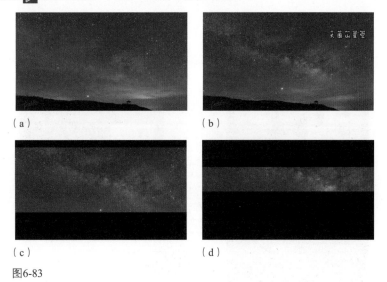

图6-83

6.2.6 制作视频背景音乐效果

在剪映App的音乐素材中有很多背景音乐,我们可以直接在搜索栏中搜索关键词来添加背景音乐,具体操作步骤如下。

STEP 01 ❶拖曳时间轴至视频轨道的起始位置，❷点击"音频"按钮，如图6-84所示。

STEP 02 在新的界面中点击"音乐"按钮，如图6-85所示。

图6-84

图6-85

STEP 03 进入"添加音乐"界面，点击上方的搜索栏，如图6-86所示。

STEP 04 ❶在搜索栏中输入想要搜索的歌名，❷点击"搜索"按钮，如图6-87所示。

图6-86

图6-87

STEP 05 执行操作后即可搜索出相同歌名的歌曲，❶点击歌名即可试听音乐，❷点击右侧的"使用"按钮，如图6-88所示。

STEP 06 执行操作后即可添加音乐，如图6-89所示。

图6-88

图6-89

STEP 07 ❶将时间轴移至21秒需要剪辑的位置，❷点击"分割"按钮，如图6-90所示。

STEP 08 执行操作后即可将音乐素材分割为两段，❶选择剪辑后的后段音乐素材，❷点击"删除"按钮，如图6-91所示。

图6-90

图6-91

STEP 09 执行操作后即可删除多余的音乐片段，如图6-92所示。

STEP 10 ❶选择剪辑后的前段音乐素材，❷点击"淡化"按钮，如图6-93所示。

STEP 11 在"淡化"界面中拖曳滑块设置淡入时长和淡出时长，如图6-94所示。

图6-92

图6-93

图6-94

6.2.7 输出成品视频并发布抖音

当一系列的后期操作完成后，我们就可以将制作完成的视频进行输出，并发布于抖音短视频平台。具体操作步骤如下。

STEP 01 在剪映App界面中，点击右上角的"导出"按钮，如图6-95所示。

STEP 02 执行操作后即可开始导出视频文件，并显示导出进度，如图6-96所示。

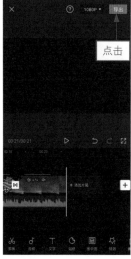
图6-95

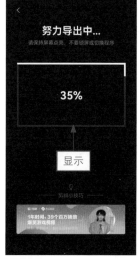
图6-96

STEP
03 导出完成后，点击"抖音"按钮，如图6-97所示。

STEP
04 进入"选择音乐"界面，点击"下一步"按钮，如图6-98所示。

图6-97

图6-98

STEP
05 进入"发布"界面，❶输入相应的文字内容，❷点击"发布"按钮，如图6-99所示。

STEP
06 执行操作后即可发布视频，选择"留在抖音"选项，如图6-100所示。

图6-99

图6-100

STEP 07 查看发布的短视频效果，如图6-101所示。

（a）

（b）

（c）

图6-101

第二篇
剪映电脑版

第7章　视频剪辑的基本操作与画面处理

本章要点

剪映电脑版是由抖音官方出品的一款电脑剪辑软件，拥有清晰的操作界面，以及强大的面板功能。本章主要介绍剪映 Windows 版的相关基本操作，如视频素材的下载与安装、导入和导出、缩放、变速、定格、倒放、旋转、裁剪、设置视频背景和视频防抖、磨皮瘦脸等内容，以帮助读者掌握剪映电脑版的常用功能操作。

7.1 掌握视频剪辑的基本操作

在剪辑视频之前，首先需要掌握视频剪辑的基本操作，这样可以提高后期处理的效率。本节主要向读者讲解剪映电脑版的常用功能。

7.1.1　下载并安装剪映

扫码看视频

在使用剪映软件剪辑视频素材之前，需要先将剪映软件安装到电脑上。下面向读者介绍下载并安装剪映软件的操作方法。

STEP 01 打开剪映官方网站，在"剪映专业版"界面中单击"立即下载"按钮，如图7-1所示。

图7-1

STEP 02 弹出"新建下载任务"对话框，❶在其中设置文件的保存位置，❷单击"下载"按钮，如图7-2所示。

图7-2

STEP 03 稍等片刻，即可将剪映软件下载到电脑上，在文件夹中找到剪映安装程序，单击鼠标右键，在弹出的快捷菜单中选择"打开"选项，如图7-3所示。

STEP 04 弹出剪映安装程序对话框，单击右侧的"浏览"按钮，如图7-4所示。

图7-3

图7-4

STEP 05 弹出"浏览文件夹"对话框，选择软件的安装位置，单击"确定"按钮，如图7-5所示。

STEP 06 单击"立即安装"按钮，如图7-6所示。

图7-5

图7-6

STEP 07 执行操作即可开始安装剪映软件，并显示安装进度，如图7-7所示。

STEP 08 安装完成后，单击"立即体验"按钮，如图7-8所示。

图7-7

图7-8

STEP 09 执行上一步的操作即可打开剪映首页，单击"开始创作"按钮，如图7-9所示。

STEP 10 执行上一步的操作即可打开剪映的视频剪辑界面，如图7-10所示。这样就可以导入和编辑视频素材，制作出用户想要的视频效果。

图7-9

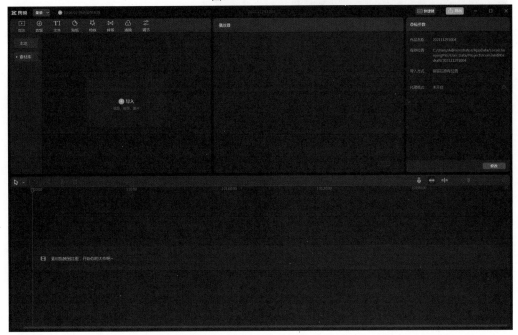

图7-10

7.1.2 导入和导出视频素材

【效果展示】在制作视频特效之前，需要先导入视频素材，而导入和导出视频素材是剪映最基础的操作，效果如图7-11所示。

（a）　　　　　　（b）　　　　　　（c）　　　　　　（d）

图7-11

下面介绍在剪映中导入和导出视频素材的操作方法。

STEP 01 进入剪映的视频剪辑界面，在"媒体"功能区中单击"导入"按钮，如图7-12所示。

STEP 02 弹出"请选择媒体资源"对话框，❶选择相应的视频素材，❷单击"打开"按钮，如图7-13所示。

图7-12　　　　　　　　　　　　　　　图7-13

STEP 03 将视频素材导入"本地"选项卡中，单击视频素材右下角的"添加到轨道"按钮，如图7-14所示。

STEP 04 执行操作后，即可将视频素材添加到视频轨道中，如图7-15所示。

 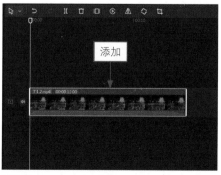

图7-14　　　　　　　　　　　　　　　图7-15

STEP 05 接下来为视频添加一个特效，单击"特效"按钮，切换至"特效"功能区，如图7-16所示。

STEP 06 在"热门"选项卡中选择"变清晰"特效，如图7-17所示。

图7-16

图7-17

STEP 07 将"变清晰"特效拖曳至视频轨道中的素材上即可添加该特效，如图7-18所示。

STEP 08 单击播放按钮 ▶ 预览效果，如图7-19所示。

STEP 09 在界面的右上角显示了视频的草稿参数，如作品名称、保存位置、导入方式、色彩空间等，但只有前面两个参数可以更改。单击界面右上角的"导出"按钮，如图7-20所示。

图7-18

图7-19

图7-20

 专家提醒

在界面右上角单击"快捷键"按钮，可以查看剪映中的快捷键功能，非常实用。

STEP 10 弹出"导出"对话框，更改作品名称，如图7-21所示。

STEP 11 单击"导出至"右侧的按钮 📁，弹出"请选择导出路径"对话框，❶选择相应的保存路径，❷单击"选择文件夹"按钮，如图7-22所示。

图7-21

图7-22

STEP 12 在"分辨率"下拉列表中选择"2K"选项，如图7-23所示。

STEP 13 在"码率"下拉列表中选择"更高"选项，如图7-24所示。

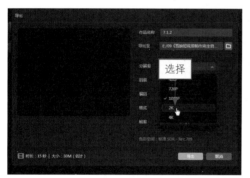

图7-23

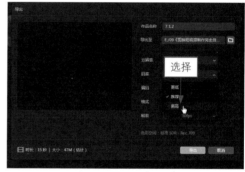

图7-24

STEP 14 在"编码"下拉列表中选择"HEVC"选项，便于压缩，如图7-25所示。

STEP 15 在"格式"下拉列表中选择"mp4"选项，便于用手机观看，如图7-26所示。

图7-25

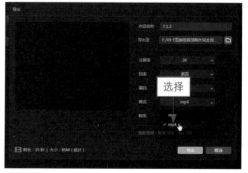

图7-26

STEP 16 ❶在"帧率"下拉列表中选择"50fps"选项，❷单击"导出"按钮，如图7-27所示。

STEP 17 导出完成后，❶单击"西瓜视频"按钮 即可打开浏览器，发布视频至西瓜视频平台；❷单击"抖音"按钮 即可发布至抖音平台；❸如果用户不需要发布视频则单击"关闭"按钮，即可完成视频的导出操作，如图7-28所示。

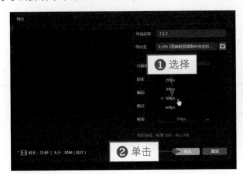
图7-27

图7-28

7.1.3 分割视频素材

【效果展示】利用剪映中的"分割"功能可以将视频分割为多个小片段，然后将不需要的片段删除，效果如图7-29所示。

扫码看效果　　扫码看视频

（a）　（b）　（c）　（d）

图7-29

下面介绍在剪映中分割视频素材的操作方法。

STEP 01 在剪映中导入视频素材，并将其添加到视频轨道中，如图7-30所示。

STEP 02 ❶拖曳时间指示器至00:00:14:14处，❷单击"分割"按钮 ，如图7-31所示。

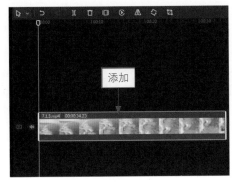
图7-30

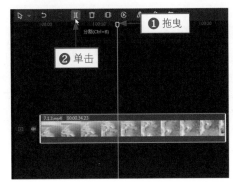
图7-31

STEP 03 执行操作后，即可将视频素材分割为两段，如图7-32所示。

STEP 04 ❶选择分割出来的前段视频素材，❷在上方单击"删除"按钮🗑，如图7-33所示。

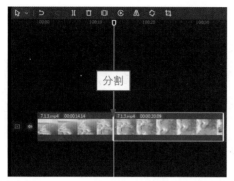

图7-32

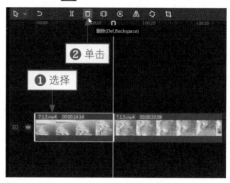

图7-33

STEP 05 执行操作后，即可删除该视频片段，如图7-34所示。

STEP 06 将时间指示器移至开始位置，单击播放按钮▶预览剪辑后的视频，如图7-35所示。

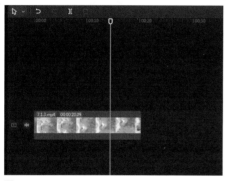

图7-34

图7-35

7.1.4　缩放视频素材

【效果展示】在剪映中，用户可以根据需要缩放视频画面，突出视频的细节，使视频呈现出运动的画面效果，如图7-36所示。

扫码看效果　扫码看视频

（a）　　　　　（b）　　　　　（c）　　　　　（d）

图7-36

下面介绍在剪映中缩放视频素材的操作方法。

STEP 01 在"媒体"功能区中导入一段视频素材，如图7-37所示。

STEP 02 单击视频素材右下角的"添加到轨道"按钮 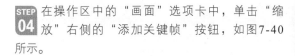，将视频素材添加到视频轨道中，如图7-38所示。

图7-37

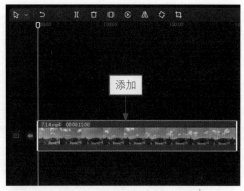

图7-38

STEP 03 在"播放器"面板中预览视频画面的效果，如图7-39所示。

STEP 04 在操作区中的"画面"选项卡中，单击"缩放"右侧的"添加关键帧"按钮，如图7-40所示。

STEP 05 执行操作后，即可在视频素材的开始位置添加一个缩放关键帧，然后将时间指示器移至视频素材的结束位置，如图7-41所示。

图7-39

STEP 06 在操作区中的"画面"选项卡中，设置"缩放"参数为"120%"，如图7-42所示，此时会自动在视频素材的结束位置添加一个缩放关键帧。

STEP 07 在"播放器"面板中，单击播放按钮 ▶，可以查看放大后的视频画面效果，如图7-43所示。

STEP 08 在视频缩放效果制作完成后，可为视频添加一段合适的背景音乐，如图7-44所示，然后导出视频素材。

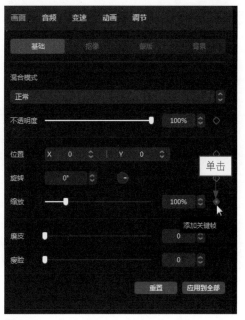

图7-40

剪映短视频制作完全自学一本通
（手机版+电脑版）

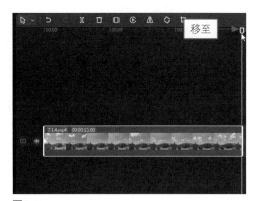

图7-41

图7-42

图7-43

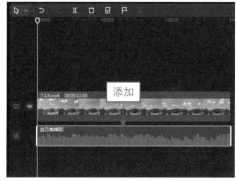

图7-44

7.1.5　变速处理视频素材

【效果展示】在剪映中，用户可以根据需要对视频进行变速处理，使慢动作的视频进行快动作播放，效果如图7-45所示。

扫码看效果　　　扫码看视频

（a）　　　　　　（b）　　　　　　（c）　　　　　　（d）

图7-45

下面介绍在剪映中对视频素材进行变速处理的操作方法。

STEP 01 在"媒体"功能区中导入一段视频素材，如图7-46所示。

STEP 02 单击视频素材右下角的"添加到轨道"按钮 ，将视频素材添加到视频轨道中，如图7-47所示。

122

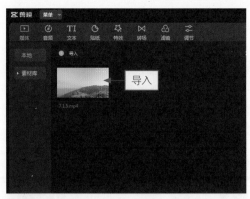

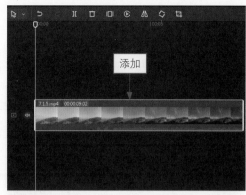

图7-46 图7-47

STEP 03 在操作区的"变速"选项卡中,拖曳"倍数"下方的滑块至数值"2.0×",如图7-48所示,对素材进行变速处理。

STEP 04 执行操作后,在视频轨道中可以查看视频素材的总播放时长,可以看出素材的总播放时长变短了,如图7-49所示。

图7-48 图7-49

7.1.6 定格视频素材

【效果展示】剪映的"定格"功能可以让视频画面定格在某个瞬间。在碰到精彩的镜头时,用户即可使用"定格"功能来延长这个镜头的播放时间,从而增加视频对观众的吸引力,效果如图7-50所示。

扫码看效果 扫码看视频

（a） （b） （c） （d）

图7-50

下面介绍在剪映中定格视频素材的具体操作方法。

STEP 01 进入剪辑界面，在“媒体”功能区中导入一个视频素材，并将其添加到视频轨道上，如图7-51所示。

STEP 02 ❶将时间指示器拖曳至视频结尾处，❷单击“定格”按钮，如图7-52所示。

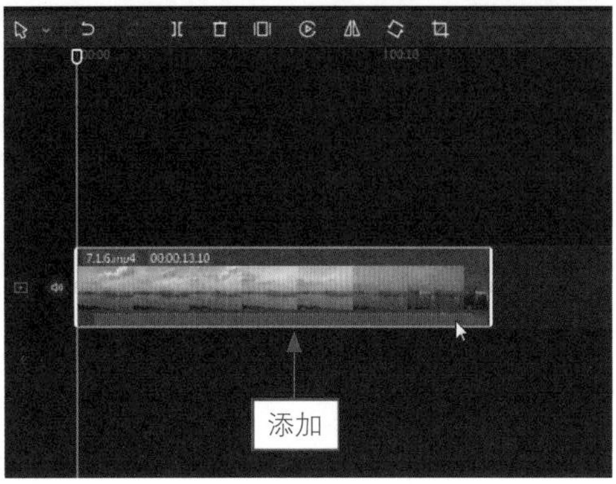

图7-51

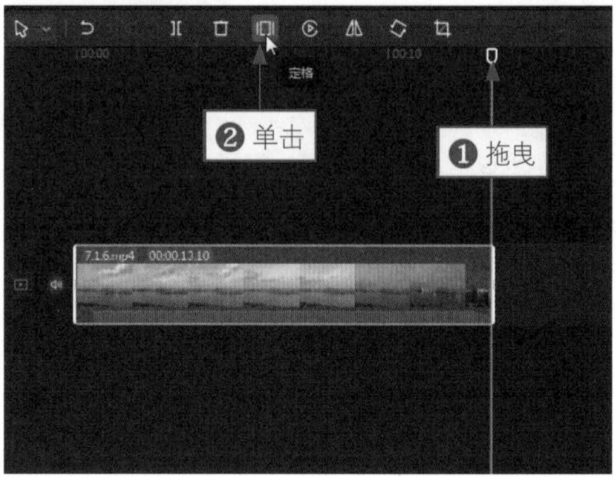

图7-52

STEP 03 执行操作后，即可生成定格片段，如图7-53所示。

STEP 04 拖曳定格片段右侧的白色拉杆，即可调整时长，如图7-54所示。

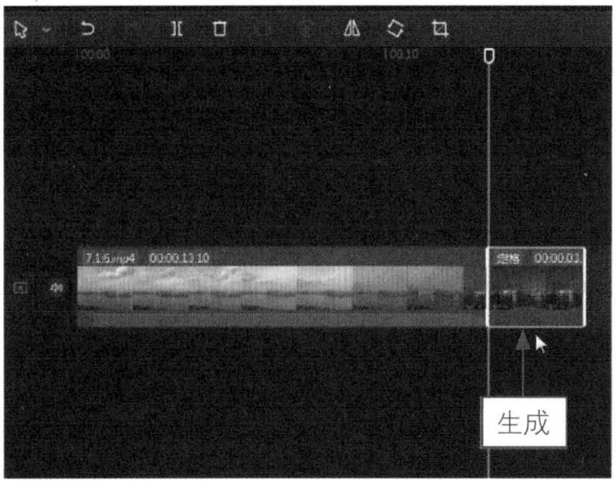

图7-53

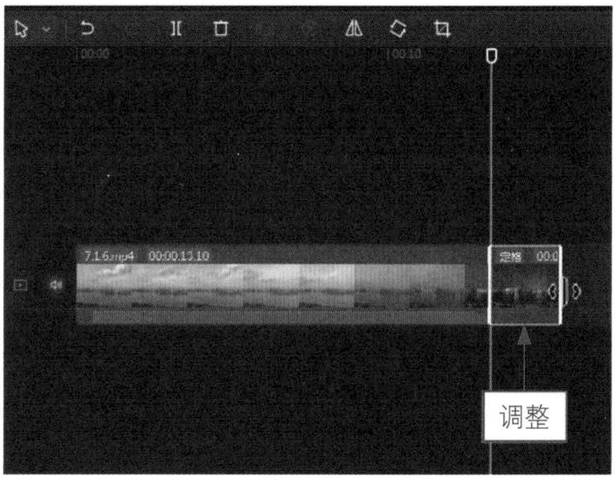

图7-54

7.1.7 倒放视频素材

扫码看效果　扫码看视频

【效果展示】在剪映中可以对视频素材进行倒放处理，让视频画面倒着播放，即视频的开头变成了结尾，而结尾变成了开头，效果如图7-55所示。

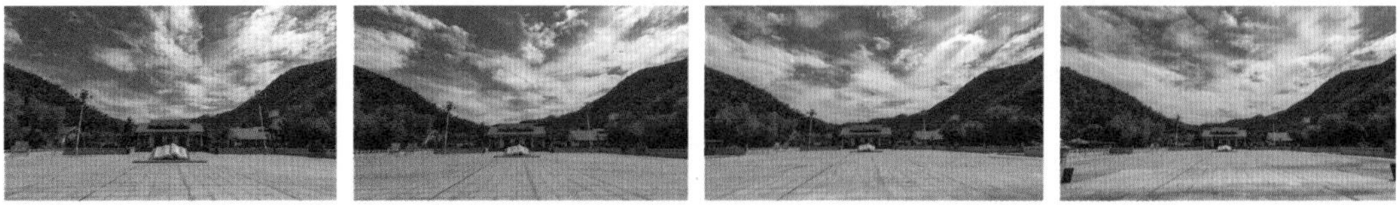

（a）（b）（c）（d）

图7-55

下面介绍在剪映中倒放视频素材的操作方法。

STEP 01 在剪映中导入视频素材，并将其添加到视频轨道中，如图7-56所示，在预览窗口中可以查看视频画面。

STEP 02 ❶选择视频素材，❷单击"倒放"按钮 ▣ ，如图7-57所示。

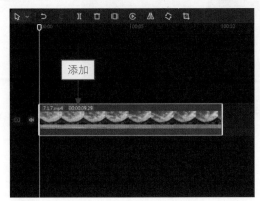

图7-56　　　　　　　　　　　　　　图7-57

STEP 03 对视频进行倒放处理，同时可显示处理进度，如图7-58所示。

STEP 04 稍等片刻，即可完成倒放处理，如图7-59所示。

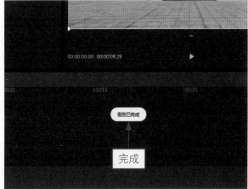

图7-58　　　　　　　　　　　　　　图7-59

7.2 调整与处理视频画面

本节主要介绍调整与处理视频画面的相关操作，如旋转和裁剪视频画面、设置视频背景、设置视频防抖及磨皮瘦脸技巧等。希望读者熟练掌握本节内容。

7.2.1 旋转视频画面

【效果展示】使用剪映的"旋转"功能可以对视频画面进行顺时针90°的旋转操作，能够简单地纠正画布的视角问题，效果如图7-60所示。

扫码看效果　　　扫码看视频

（手机版+电脑版）

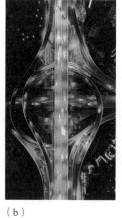

（a）　　　　　　　（b）　　　　　　　（c）

图7-60

下面介绍在剪映中旋转视频画面的操作方法。

STEP 01 在剪映中导入视频素材，并将其添加到视频轨道中，如图7-61所示。

STEP 02 ❶选择视频素材，❷单击"旋转"按钮 ⟳，如图7-62所示。

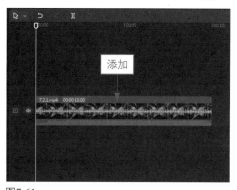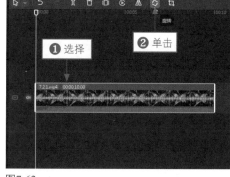

图7-61　　　　　　　　　　　　　　　　　图7-62

STEP 03 执行操作后，即可将视频画面旋转90°，此时横版视频变成了竖版视频，在"播放器"面板中可以查看视频画面的效果，如图7-63所示。

STEP 04 在预览窗口中单击"原始"按钮，在弹出的列表框中选择"9∶16"选项，如图7-64所示。

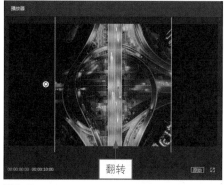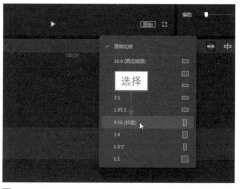

图7-63　　　　　　　　　　　　　　　　　图7-64

STEP 05 调整视频画面的比例，然后调整素材的大小，如图7-65所示。

STEP 06 单击播放按钮▶，预览旋转后的视频效果，如图7-66所示。

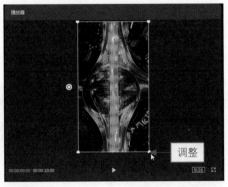

图7-65

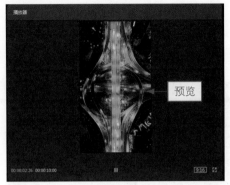

图7-66

7.2.2 裁剪视频画面

【效果展示】用户在前期拍摄短视频时，如果发现画面局部有瑕疵，或者构图不太理想，即可在后期利用剪映的"裁剪"功能裁掉部分不需要的画面，效果如图7-67所示。

扫码看效果

扫码看视频

（a）　　　　　　　　　　（b）　　　　　　　　　　（c）　　　　　　　　　　（d）

图7-67

下面介绍在剪映中裁剪视频画面的具体操作方法。

STEP 01 在剪映中导入视频素材，并将其添加到视频轨道中，在预览窗口预览画面效果，如图7-68所示。

STEP 02 ❶选择视频素材，❷单击"裁剪"按钮▢，如图7-69所示。

图7-68

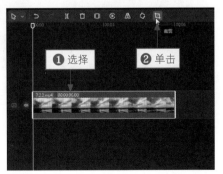

图7-69

专家提醒

当视频画面歪斜时，可以在"裁剪"对话框中设置"旋转角度"的参数来纠正画面视角。

STEP 03 执行操作后，弹出"裁剪"对话框，设置"裁剪比例"为"16：9"，如图7-70所示。

STEP 04 在"裁剪"对话框的预览窗口中，❶拖曳裁剪控制框，对画面进行适当裁剪；❷单击"确定"按钮，即可完成画面裁剪的操作，如图7-71所示。

图7-70

图7-71

7.2.3 设置视频背景

【效果展示】在剪映中可以给视频设置喜欢的背景样式，让背景的黑色区域变成彩色的，效果如图7-72所示。

（a）

（b）

图7-72

扫码看效果

扫码看视频

下面介绍在剪映中设置视频背景的操作方法。

STEP 01 在剪映中导入视频素材，并将其添加到视频轨道中，如图7-73所示。

STEP 02 在预览窗口预览视频，单击"原始"按钮，如图7-74所示。

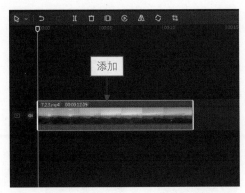

图7-73

图7-74

STEP 03 在弹出的列表框中选择"9：16"选项，如图7-75所示。

STEP 04 执行操作后，即可调整视频画面的比例，如图7-76所示。

图7-75

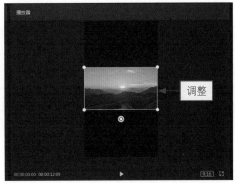

图7-76

STEP 05 在操作区中的"画面"选项卡中单击"背景"按钮，如图7-77所示。

STEP 06 在"背景填充"下拉列表中选择"模糊"选项，如图7-78所示。

图7-77

图7-78

剪映短视频制作完全自学一本通
（手机版+电脑版）

STEP 07 在"模糊"选项中选择第4个模糊样式，如图7-79所示。

STEP 08 此时，可以在预览窗口预览精美的视频背景，如图7-80所示。

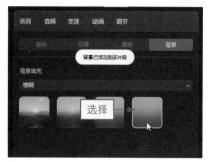

图7-79

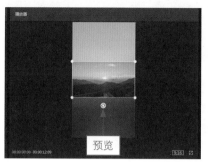

图7-80

7.2.4 设置视频防抖

【效果展示】如果拍视频时设备不稳定，视频一般都会有点抖，这时剪映新出的视频防抖功能就该发挥作用了——稳定视频画面，一键搞定，效果如图7-81所示。

扫码看效果

扫码看视频

（a）　　　　　（b）　　　　　（c）　　　　　（d）

图7-81

下面介绍在剪映中设置视频防抖的操作方法。

STEP 01 在剪映中导入视频素材，并将其添加到视频轨道中，在操作区中选中底部的"视频防抖"，如图7-82所示。

STEP 02 单击"推荐"右侧的下拉按钮，在下拉列表中选择"最稳定"选项，如图7-83所示，即可完成视频的防抖处理。

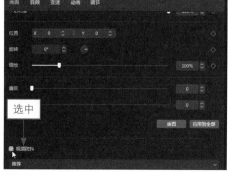

图7-82

图7-83

7.2.5　磨皮瘦脸技巧

【效果展示】在剪映中可以给视频中的人像进行磨皮和瘦脸操作，给人物做美颜处理，美化人物的脸部，效果如图7-84所示。

扫码看效果

扫码看视频

（a）　　　　　　　（b）

图7-84

下面介绍在剪映中进行磨皮和瘦脸的操作方法。

STEP 01 导入视频素材，❶拖曳时间指示器至00:00:02:27的位置；❷单击"分割"按钮，如图7-85所示。

STEP 02 选择第2段视频素材，在操作区中拖曳"磨皮"滑块至"100"，如图7-86所示。

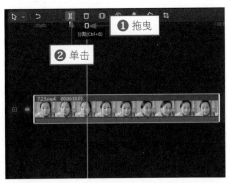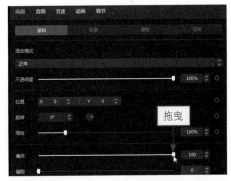

图7-85　　　　　　　　　　　　　图7-86

STEP 03 拖曳"瘦脸"滑块至"100"，如图7-87所示。

STEP 04 ❶单击"特效"按钮，❷在"基础"特效选项卡中单击"模糊"特效中的"添加到轨道"按钮，如图7-88所示。

STEP 05 执行操作后，即可将特效添加到轨道中，如图7-89所示。

STEP 06 拖曳特效右侧的白色拉杆，调整特效的时长为1秒左右，如图7-90所示。

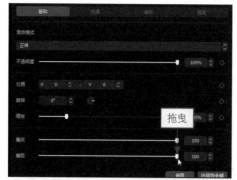

图7-87

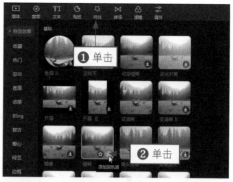

图7-88

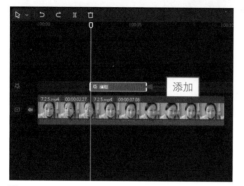

图7-89

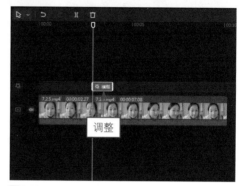

图7-90

第8章 调出吸睛的色调效果

本章要点

在剪映 Windows 版中可以给素材添加滤镜来调色，还可以通过设置调节参数来调色，二者可以一起使用，调出自己想要的效果。本章主要讲解滤镜和调节的基本操作，以及 5 种高级感的调色技巧，从而使大家提高调色水平，轻松高效地调出满意的视频效果。

【8.1 掌握滤镜的基本操作

用户安装好剪映之后，打开软件即可使用"滤镜"功能添加滤镜，调出想要的视频色彩。本节主要介绍剪映的调色滤镜界面，帮助大家更好地了解滤镜库，以及学习如何添加和删除滤镜效果。

8.1.1 了解滤镜库

剪映滤镜库素材丰富，单击"滤镜"按钮，即可进入"滤镜库"面板，如图8-1所示。在"精选"选项卡中有当下最火热、最常用的滤镜样式，而且风格多样、场景适用性强，可减少用户挑选的时间。

扫码看视频

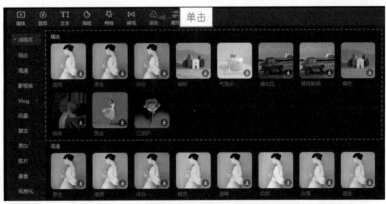

图8-1

切换至"高清"选项卡，即可从几款"高清"滤镜样式中，挑选最适合视频画面的滤镜效果，如图8-2所示。在剪映"滤镜库"中一共有98款滤镜样式，滤镜素材十分丰富，而且滤镜效果还能叠加使用，非常方便。

剪映短视频制作完全自学一本通
（手机版+电脑版）

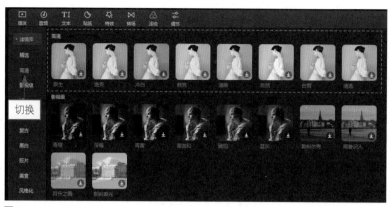

图8-2

8.1.2 添加和删除滤镜

【效果说明】在剪映中添加滤镜时，可以多尝试几个滤镜样式，然后挑选效果最佳的。添加合适的滤镜能让画面焕然一新，原图与效果图对比如图8-3所示。

扫码看效果　　扫码看视频

（a）　　　　　（b）　　　　　（c）　　　　　（d）

图8-3

下面介绍使用剪映添加和删除滤镜的操作方法。

STEP 01 将视频素材导入到"本地"选项卡中，单击视频素材右下角的"添加到轨道"按钮 ，如图8-4所示。

STEP 02 将视频素材添加到视频轨道中，❶单击"滤镜"按钮，❷切换至"风景"选项卡，❸单击"小镇"滤镜右下角的 按钮下载该滤镜，如图8-5所示。

图8-4

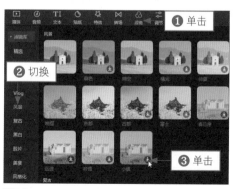

图8-5

STEP 03 单击"小镇"滤镜右下角的"添加到轨道"按钮 ➕，如图8-6所示。

STEP 04 添加滤镜之后，即可在"播放器"面板预览画面效果，如图8-7所示。

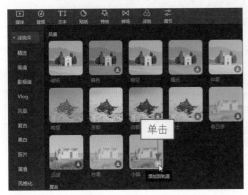
图8-6

图8-7

STEP 05 由于添加滤镜之后画面十分暗淡，饱和度也很低，可以单击时间线面板中"删除"按钮 ◻ 删除滤镜，如图8-8所示。

STEP 06 在"风景"选项卡中下载并单击"暮色"滤镜右下角的"添加到轨道"按钮 ➕，如图8-9所示。

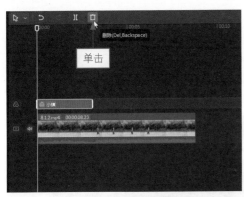
图8-8

图8-9

STEP 07 在"播放器"面板预览视频画面，拖曳滑块，设置"滤镜强度"参数为"90"，让滤镜效果更加自然，给人一种秋天的感觉，如图8-10所示。

图8-10

STEP 08 在时间线面板中拖曳"暮色"滤镜右侧的白色拉杆，使滤镜时长与视频素材的时长一样，让滤镜效果覆盖整个视频画面，如图8-11所示。执行所有操作后，即可为视频添加最合适的滤镜。

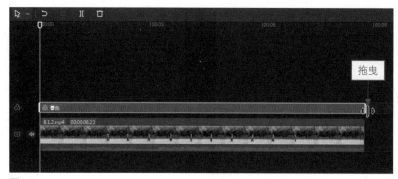

图8-11

[8.2 掌握调节的基本操作

滤镜并不是万能的，不能适配所有画面，因此需要进行色彩调节来达到最优。本节主要介绍认识剪映色彩调节界面，了解如何添加自定义调节。

 ## 8.2.1　自定义调节参数

单击"调节"按钮进入"调节"功能区，在"调节"功能区中有"自定义"和"我的预设"两个选项卡。单击"自定义调节"右下角的"添加到轨道"按钮，如图8-12所示，即可添加自定义调节。

扫码看视频

图8-12

添加之后，可以看到时间线面板中生成了"调节1"轨道，在界面的右上角弹出"基础"调节面板，在"调节"复选框列表中有"色温""色调"和"饱和度"等可调节参数，如图8-13所示。

图8-13

8.2.2 设置基础调节参数

【效果说明】在设置基础调节参数之后，原本暗淡的画面会变得明亮许多，细节也能被处理得很好。原图与效果图对比如图8-14所示。

扫码看效果   扫码看视频

（a）   （b）   （c）   （d）

图8-14

下面介绍使用剪映设置基础调节参数的操作方法。

STEP 01 在上一例的效果上，拖曳滑块，设置"亮度"参数为"9"，设置"对比度"参数为"20"，设置"阴影"参数为"8"，设置"光感"参数为"7"，提高画面明度，如图8-15所示。

STEP 02 拖曳滑块，设置"色温"参数为"9"，设置"色调"参数为"-13"，设置"饱和度"参数为"7"，让画面色彩更加靓丽，如图8-16所示。

STEP 03 拖曳"锐化"滑块，设置参数为"20"，提升画面清晰度，如图8-17所示。

STEP 04 拖曳"调节1"右侧的白色拉杆，使"调节1"的时长与视频素材的时长一样，让调节效果覆盖整个视频画面，如图8-18所示。执行所有操作即可优化视频画面细节，提升画面质感。

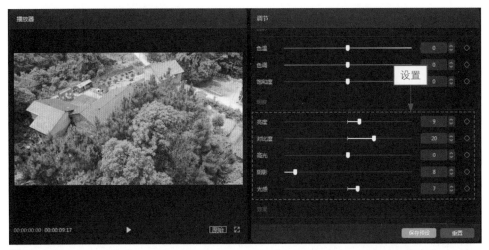

图8-15

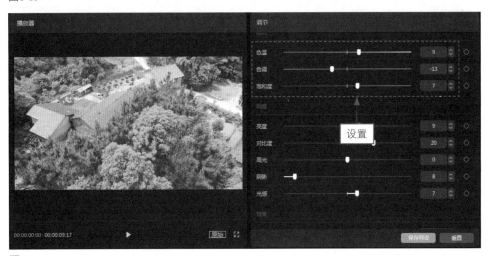

图8-16

图8-17

图8-18

8.3 掌握 5 种高级感调色技巧

本节主要介绍5种高级感的调色技巧，如夕阳橙红色调、古建筑色调、暖系人像色调、清晰日系色调及海景天蓝色调。希望大家熟练掌握本节调色内容，轻松调出高级感的视频画面色彩。

8.3.1 调出夕阳橙红色调

【效果说明】夕阳一般都是橙红色的，如同火把的颜色，嫣红又绚烂，调色要点是要突出画面中的橙红色。原图与效果图对比图8-19所示。

扫码看效果　　　扫码看视频

（a）　　（b）　　（c）　　（d）

图8-19

下面介绍使用剪映调出夕阳橙红色调的操作方法。

STEP 01 在剪映中单击视频素材右下角的"添加到轨道"按钮￼，如图8-20所示。

STEP 02 将视频素材添加到视频轨道中，❶单击"滤镜"按钮，❷切换至"风景"选项卡，❸单击"橘光"滤镜右下角的"添加到轨道"按钮￼，如图8-21所示。

STEP 03 添加"橘光"滤镜效果，如图8-22所示。

STEP 04 在"滤镜"面板中拖曳滑块，设置"滤镜强度"参数为"43"，如图8-23所示，使滤镜效果更加自然。

STEP 05 ❶单击"调节"按钮，❷单击"自定义调节"右下角的"添加到轨道"按钮￼，如图8-24所示。

STEP 06 添加"调节1"轨道，调整"调节1"和"橘光"滤镜的时长，使其与视频素材的时长一样，如图8-25所示。

图8-20

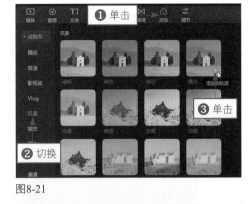

图8-21

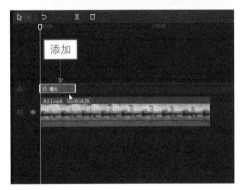

图8-22

图8-23

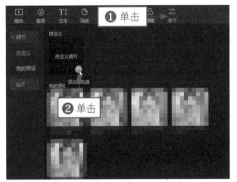

图8-24

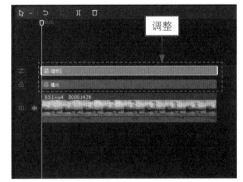

图8-25

图8-26

STEP 07 在"调节"面板中拖曳滑块，设置"亮度"参数为"4"，设置"对比度"参数为"5"，设置"高光"参数为"-12"，设置"阴影"参数为"2"，设置"锐化"参数为"11"，如图8-26所示。

STEP 08 在"调节"面板中拖曳滑块，设置"色温"参数为"5"，设置"色调"参数为"-8"，设置"饱和度"参数为"10"，如图8-27所示，从而让色彩变得通透。

图8-27

STEP 09 ❶切换至"HSL"选项卡；❷选择红色选项 ；❸拖曳滑块，设置"饱和度"参数为"18"，提高画面中红色的色彩浓度，如图8-28所示。

图8-28

STEP 10 ❶选择橙色选项 ；❷拖曳滑块，设置"饱和度"参数为"16"，提高画面中橙色的色彩浓度，如图8-29所示。

图8-29

STEP 11 ❶选择黄色选项 ；❷拖曳滑块，设置"饱和度"参数为"23"，提高画面中黄色的色彩浓度，如图8-30所示。执行前述操作即可完成调色操作。

图8-30

剪映短视频制作完全自学一本通
（手机版+电脑版）

 专家提醒

在调色之前必须清楚画面中需要什么颜色，这样才能"对症下药"。在调色之前添加滤镜可以快速给画面定色，比如画面需要紫色，就添加带紫色的滤镜。

8.3.2 调出古建筑色调

【效果说明】调古建筑色调主要是调出建筑物的金碧辉煌，重点提升画面的色彩饱和度，让建筑物具有古色古香的味道。原图与效果图对比如图8-31所示。

扫码看效果　　扫码看视频

（a）　　　　　（b）　　　　　（c）　　　　　（d）

图8-31

下面介绍使用剪映调出古建筑色调的操作方法。

STEP 01 在剪映中将视频素材导入"本地"选项卡中，单击视频素材右下角的"添加到轨道"按钮 添加视频素材，如图8-32所示。

STEP 02 ❶单击"滤镜"按钮，❷切换至"风景"选项卡，❸单击"橘光"滤镜右下角的"添加到轨道"按钮 添加滤镜，如图8-33所示。

 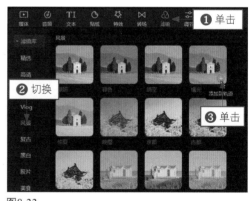

图8-32　　　　　　　　　　　　　图8-33

STEP 03 拖曳滑块，设置"滤镜强度"参数为"77"，如图8-34所示。

STEP 04 调整"橘光"滤镜的时长，使其与视频素材的时长一样，如图8-35所示。

STEP 05 ❶单击"调节"按钮；❷单击"自定义调节"右下角的"添加到轨道"按钮 ，添加"调节1"轨道，如图8-36所示。

STEP 06 调整"调节1"的时长，使其与视频素材的时长一样，如图8-37所示。

142

图8-34

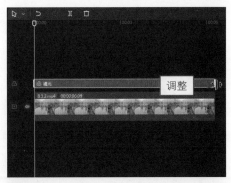

图8-35

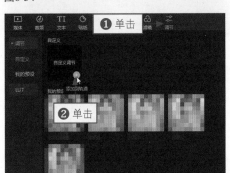

图8-36

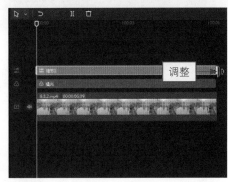

图8-37

STEP 07 在"调节"面板中拖曳滑块,设置"亮度"参数为"7",设置"对比度"参数为"13",设置"高光"参数为"11",设置"光感"参数为"-12",设置"锐化"参数为"10",如图8-38所示。这样可以调整曝光,让画面更加清晰。

图8-38

STEP 08 拖曳滑块,设置"色温"参数为"7",设置"色调"参数为"7",设置"饱和度"参数为"21",校正画面色彩,如图8-39所示。

STEP 09 ❶切换至"HSL"选项卡;❷选择橙色选项◯;❸拖曳滑块,设置"饱和度"参数为"10",调整建筑物的橙色色彩,如图8-40所示。

图8-39

图8-40

STEP 10 ❶选择蓝色选项◯；❷拖曳滑块，设置"色相"参数为"-13"，设置"饱和度"参数为"24"，调整画面中的蓝色色彩，如图8-41所示。执行前述操作即可完成调色操作。

图8-41

8.3.3 调出暖系人像色调

扫码看效果　扫码看视频

【效果说明】由于逆光的原因，有些图像色彩会比较暗，如果想要视频中的人像主体更加突出，可以让色彩变得饱和、让人像变明媚。原图与效果图对比如图8-42所示。

（a）　　　　　　　（b）　　　　　　　（c）　　　　　　　（d）

图8-42

下面介绍使用剪映调出暖系人像色调的操作方法。

STEP 01 在剪映中单击视频素材右下角的"添加到轨道"按钮➕，如图8-43所示。

STEP 02 将视频素材添加到视频轨道中，❶单击"滤镜"按钮，❷切换至"风景"选项卡，❸单击"绿妍"滤镜右下角的"添加到轨道"按钮➕，如图8-44所示。

STEP 03 添加"绿研"滤镜效果，如图8-45所示。

STEP 04 调整"绿研"滤镜的时长，使其与视频素材的时长一样，如图8-46所示。

图8-43

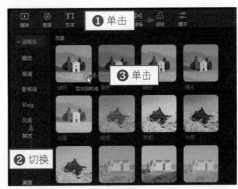

图8-44

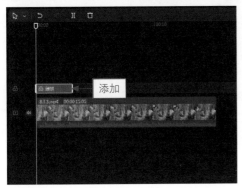

图8-45

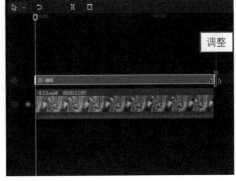

图8-46

STEP
05
❶单击"调节"按钮，❷单击"自定义调节"右下角的"添加到轨道"按钮➕添加"调节1"轨道，如图8-47所示。

STEP
06
调整"调节1"的时长，使其与视频素材的时长一样，如图8-48所示。

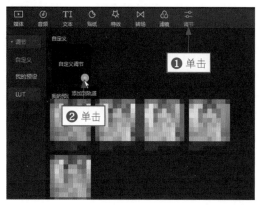

图8-47   图8-48

图8-49

STEP
07
在"调节"面板中拖曳滑块，设置"亮度"参数为"5"，设置"对比度"参数为"9"，设置"高光"参数为"6"，设置"光感"参数为"8"，设置"锐化"参数为"18"，如图8-49所示。这样可以调整曝光，让画面更加明媚。

图8-50

STEP
08
拖曳滑块，设置"色温"参数为"5"，设置"色调"参数为"−18"，设置"饱和度"参数为"7"，使画面呈现偏绿色的效果，如图8-50所示。

STEP
09
❶切换至"HSL"选项卡；❷选择红色选项◯；❸拖曳滑块，设置"饱和度"参数为"−4"，降低人物服装颜色的饱和度，如图8-51所示。

STEP
10
❶选择绿色选项◯；❷拖曳滑块，设置"饱和度"参数为"13"，调整画面中的柳枝色彩，如图8-52所示。执行操作即可完成调色操作。

图8-51

图8-52

8.3.4 调出清晰日系色调

【效果展示】日系调色非常文艺，也很小清新，适用于许多风景类视频和人像视频。日系色调的特点就在于画面通透，色彩简洁，是一款让人一看就心旷神怡的色调，调色要点在于提高画面的清透感。效果如图8-53所示。

扫码看效果

扫码看视频

（a）

（b）

（c）

（d）

图8-53

下面介绍在剪映中调出清晰日系色调的操作方法。

STEP 01 在剪映中单击视频素材右下角的"添加到轨道"按钮，如图8-54所示。

STEP 02 将视频素材添加到视频轨道中，❶单击"滤镜"按钮，❷切换至"高清"选项卡，❸单击"鲜亮"滤镜右下角的"添加到轨道"按钮➕，如图8-55所示。

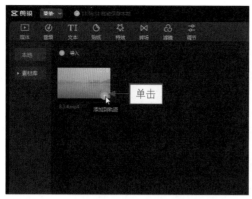

图8-54

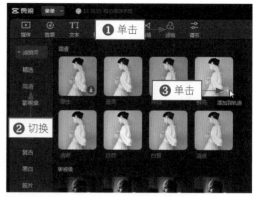

图8-55

STEP 03 添加"鲜亮"滤镜效果，如图8-56所示。

STEP 04 调整"鲜亮"滤镜的时长，使其与视频素材的时长一样，如图8-57所示。

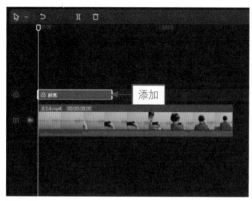

图8-56

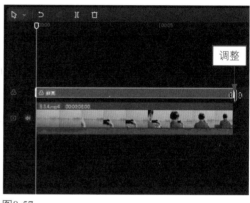

图8-57

STEP 05 ❶单击"调节"按钮；❷单击"自定义调节"右下角的"添加到轨道"按钮█，添加"调节1"轨道，如图8-58所示。

STEP 06 调整"调节1"的时长，使其与视频素材的时长一样，如图8-59所示。

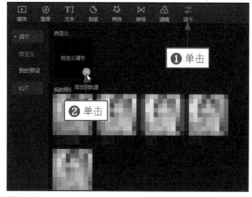

图8-58

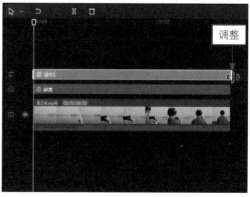

图8-59

STEP 07 在"调节"面板中拖曳滑块，设置"亮度"参数为"3"，设置"对比度"参数为"12"，设置"高光"参数为"7"，设置"锐化"参数为"11"，如图8-60所示。这样可以调整曝光，让视频画面更显清晰。

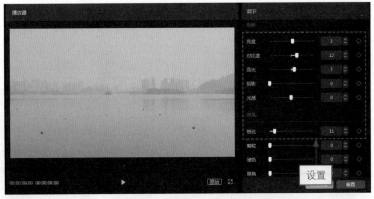

图8-60

STEP 08 拖曳滑块，设置"色温"参数为"-15"，设置"色调"参数为"7"，使画面呈现偏青色的效果，如图8-61所示。

图8-61

STEP 09 单击"导出"按钮，预览视频调色前后的对比效果，如图8-62所示。原来的视频有些浑浊，调色之后变得清透，画面也变得简洁了，好像由阴天变成了晴天。

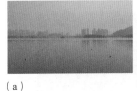
（a）

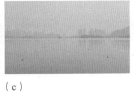
（b）

（c）

（d）

图8-62

8.3.5 调出海景天蓝色调

【效果说明】大海和天空一样，都是宽广而清澈的，清澈湛蓝的海水最能体现大海的美，因此大海的调色需要提高蓝色的饱和度，效果如图8-63所示。

扫码看效果　　　　扫码看视频

（a）

（b）

（c）

（d）

图8-63

STEP 01 在剪映中单击视频素材右下角的"添加到轨道"按钮➕，如图8-64所示。

STEP 02 ❶单击"调节"按钮；❷单击"自定义调节"右下角的"添加到轨道"按钮➕，添加"调节1"轨道，如图8-65所示。

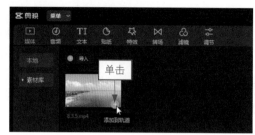
图8-64

图8-65

STEP 03 调整"调节1"的时长，使其与视频素材的时长一样，如图8-66所示。

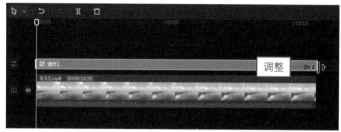
图8-66

STEP 04 在"调节"面板中拖曳滑块，设置"色温"参数为"-9"，设置"饱和度"参数为"25"，提高画面中蓝色的饱和度，如图8-67所示。

图8-67

STEP 05 拖曳滑块，设置"亮度"参数为"-5"，设置"对比度"参数为"9"，设置"高光"参数为"-9"，设置"光感"参数为"-9"，设置"锐化"参数为"22"，如图8-68所示，调整曝光，让画面更加偏冷蓝色调。

图8-68

STEP 06 ❶切换至"HSL"选项卡；❷选择绿色选项◯；❸拖曳滑块，设置"饱和度"参数为"15"，设置"亮度"参数为"10"，调整画面中的绿色，如图8-69所示。

STEP 07 ❶选择青色选项◯；❷拖曳滑块，设置"饱和度"参数为"17"，调整画面中天空和大海的色彩，如图8-70所示。

图8-69

图8-70

STEP 08 ❶选择蓝色选项 ◯；❷拖曳滑块，设置"饱和度"参数为"20"，设置"亮度"参数为"−9"，让海水的颜色变得更蓝一点，如图8-71所示。

图8-71

STEP 09 单击"导出"按钮，预览视频调色前后的对比效果，如图8-72所示。原来的视频有些浑浊，调色之后变得更清透、更蓝，天空也变得更加明媚。

（a）   （b）

图8-72

第9章 添加字幕和贴纸效果

本章要点

为视频添加字幕和贴纸能让视频内容更加直观，也能让视频内容更便于传播。本章主要介绍添加字幕和贴纸效果的操作方法，主要包括手动添加字幕和贴纸、自动生成字幕效果及制作短视频字幕特效等内容。希望读者熟练掌握本章知识要点。

9.1 手动添加字幕和贴纸

剪映提供了种类丰富的文字字体、文字样式、花字样式、文字模板和贴纸供用户选择。用户可以根据自己的喜好，为视频手动添加字幕和贴纸。

9.1.1 添加文本和设置样式

【效果展示】在剪映中，用户可以为视频添加文字，还可以设置文字样式，使视频内容更加丰富，让图文更加适配，效果如图9-1所示。

（a）

（b）

扫码看效果

（c）

（d）

扫码看视频

图9-1

下面介绍在剪映中添加文本和设置样式的操作方法。

STEP 01 在剪映中导入视频素材，❶单击"文本"按钮，❷在"新建文本"选项卡中单击"默认文本"右下角的"添加到轨道"按钮➕，如图9-2所示。

剪映短视频制作完全自学一本通
（手机版+电脑版）

图9-2

图9-3

STEP 02 在操作区的"文本"选项卡中删除原有的"默认文本"字样，输入新的文字内容，如图9-3所示。

图9-4

STEP 03 ❶选择一款喜欢的字体样式，❷选择一款文字颜色，如图9-4所示。

图9-5

STEP 04 ❶切换至"排列"选项卡，❷选择第4款对齐样式，❸调整文字的大小和位置，如图9-5所示。

STEP 05 调整字幕轨道的长度，使其与视频轨道的长度一样，如图9-6所示。

STEP 06 ❶切换至"动画"选项卡，❷在"入场"选项组中选择"向上滑动"动画，❸设置"动画时长"为 "3.0s"，如图9-7所示。

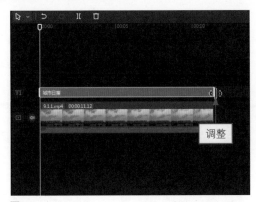

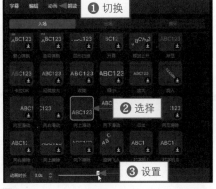

图9-6

图9-7

STEP 07 ❶切换至"出场"选项卡，❷选择"溶解"动画，❸设置"动画时长"为"1.0s"，如图9-8所示。

STEP 08 执行前述操作即可为文字添加动画效果，单击"导出"按钮，导出并播放视频，如图9-9所示。

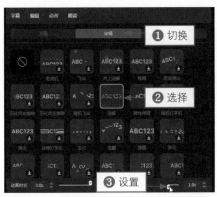

图9-8

图9-9

选择花字和添加模板

【效果展示】如果视频中有一些瑕疵或者水印，可以添加花字和气泡进行遮挡，这样也可以丰富视频内容。剪映中还自带了文字模板，款式多样且不需要设置样式，一键即可套用，非常方便，效果如图9-10所示。

扫码看效果 扫码看视频

（a） （b） （c） （d）

图9-10

下面介绍在剪映中选择花字和添加模板的操作方法。

STEP 01 在剪映中导入一段视频素材，并将其添加到视频轨道中，如图9-11所示。

STEP 02 ❶单击"文本"按钮，❷在"新建文本"选项卡中单击"花字"按钮，❸单击所选花字右下角的"添加到轨道"按钮➕，如图9-12所示。

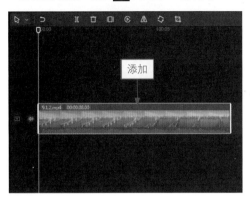

图9-11

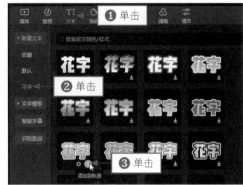

图9-12

STEP 03 在操作区的"文本"选项卡中删除原有的"默认文本"字样，输入新的文字内容，如图9-13所示。

STEP 04 在"字体"下拉列表中选择一款喜欢的字体样式，如图9-14所示。

图9-13

图9-14

STEP 05 ❶切换至"气泡"选项卡，❷选择一款气泡样式，❸调整文字的大小和位置，如图9-15所示。

图9-15

STEP 06 ❶切换至"文字模板"选项卡，❷在"旅行"选项组中选择并添加一款模板，❸调整模板的大小和位置，如图9-16所示。

图9-16

STEP 07 调整两条字幕轨道的长度，使其与视频轨道的长度一致，如图9-17所示。

STEP 08 操作完成后，单击"导出"按钮，导出并播放视频，如图9-18所示。

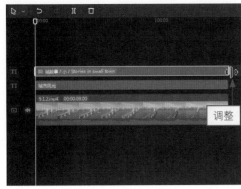

图9-17

图9-18

添加贴纸为视频增加趣味

【效果展示】在剪映中有非常多的贴纸，风格多样，用户可以根据视频添加相应类型的贴纸，比如风景视频可以添加一些旅行类的贴纸，以丰富视频画面的内容，效果如图9-19所示。

扫码看效果   扫码看视频

（a）   （b）   （c）   （d）

图9-19

下面介绍在剪映中添加贴纸的操作方法。

STEP 01 在剪映中导入一段视频素材，并将其添加到视频轨道中，如图9-20所示。

STEP 02 ❶单击"贴纸"按钮，❷切换至"节气"选项卡，❸单击"秋分"贴纸右下角的"添加到轨道"按钮⊕，如图9-21所示。

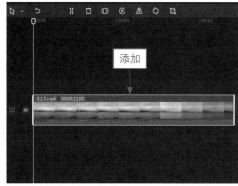 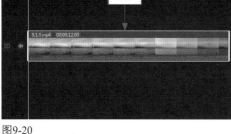

图9-20   图9-21

STEP 03 调整贴纸的展示时长为5秒，如图9-22所示。

STEP 04 在"播放器"面板中调整贴纸的大小和位置，如图9-23所示。

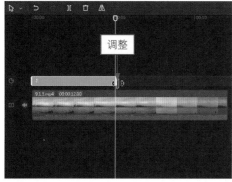 

图9-22   图9-23

STEP 05 拖曳时间指示器至"秋分"贴纸的末尾位置，在"旅行"选项组中单击所选贴纸右下角的"添加到轨道"按钮 ，如图9-24所示。

STEP 06 执行操作即可添加第2段贴纸素材，调整贴纸的展示时长，使其与视频时长一样，如图9-25所示。

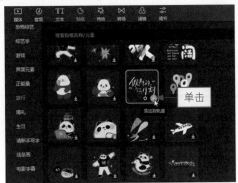
图9-24

图9-25

STEP 07 在"播放器"面板中调整第2段贴纸素材的大小和位置，如图9-26所示。

STEP 08 单击播放按钮 ▶，预览贴纸的效果，如图9-27所示。

图9-26

图9-27

9.2 自动生成字幕效果

在剪映中不仅可以手动添加字幕效果，还可以通过相关功能自动生成字幕效果，这样就节省了输入文字的时间，提高了视频后期处理的效率。本节主要讲解运用识别字幕功能制作解说词、运用识别歌词功能制作KTV字幕，以及运用朗读功能制作字幕配音的操作方法，从而帮助读者制作出更加漂亮、专业的字幕效果。

9.2.1 运用识别字幕功能制作解说词

【效果展示】用户在剪映中运用识别字幕功能就能识别视频中的人声并自动生成字幕，后期稍微设置一下就可制作解说词，非常方便，效果如图9-28所示。

扫码看效果

扫码看视频

（a） （b） （c） （d）

图9-28

下面介绍在剪映中运用识别字幕功能制作解说词的操作方法。

STEP 01 在剪映中导入一段视频素材，并将其添加到视频轨道中，如图9-29所示。

STEP 02 ❶单击"文本"按钮，❷切换至"智能字幕"选项卡，❸单击"识别字幕"下方的"开始识别"按钮，如图9-30所示。

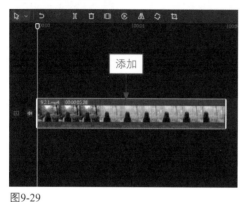

图9-29 图9-30

STEP 03 弹出"字幕识别中"进度框，如图9-31所示。

STEP 04 稍等片刻，待字幕识别完成后，将生成两段字幕素材，显示在字幕轨道中，如图9-32所示。

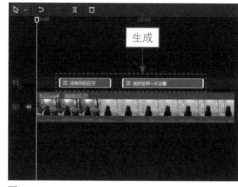

图9-31 图9-32

STEP 05 选择第一段字幕素材，如图9-33所示。

STEP 06 在"文本"选项卡中选择合适的预设样式，如图9-34所示。

STEP 07 在"播放器"面板中预览设置的字幕样式，效果如图9-35所示。

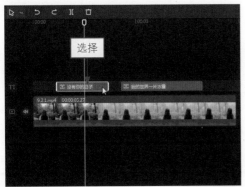

图9-33

图9-34

（a）

（b）

图9-35

9.2.2 运用识别歌词功能制作 KTV 字幕

【效果展示】在剪映中运用识别歌词功能制作的KTV歌词字幕一步步变色，就好像KTV中的歌词一般，跟背景音乐非常搭配，效果如图9-36所示。

扫码看效果

扫码看视频

（a）　　　　　　　　（b）　　　　　　　　（c）　　　　　　　　（d）

图9-36

下面介绍在剪映中运用识别歌词功能制作KTV字幕的操作方法。

STEP 01 在剪映中导入一段视频素材，并将其添加到视频轨道中，如图9-37所示。

STEP 02 ❶单击"文本"按钮，❷切换至"识别歌词"选项卡，❸单击"开始识别"按钮，如图9-38所示。

剪映短视频制作完全自学一本通
（手机版+电脑版）

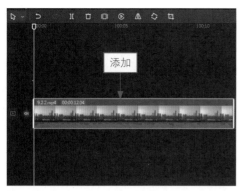

图9-37

图9-38

STEP 03 弹出"歌词识别中"进度框，如图9-39所示。

STEP 04 稍等片刻，待歌词识别完成后，就会生成两个歌词文件，显示在字幕轨道中，如图9-40所示。

图9-39

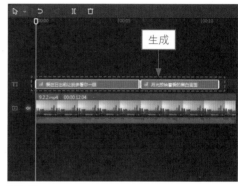

图9-40

STEP 05 在"文本"选项卡中，取消选中"文本、排列、气泡、花字应用到全部歌词"，如图9-41所示。

图9-41

 专家提醒

在取消选中"文本、排列、气泡、花字应用到全部歌词"之后，我们就可以对歌词文件进行单独修改和调整了，修改后的字幕不会应用到全部歌词。

STEP 06 ❶选择第1段文字，切换至"动画"选项卡；❷在"入场"选项组中选择"卡拉OK"动画；❸设置"动画时长"为最长，如图9-42所示。

STEP 07 ❶选择第2段文字，切换至"动画"选项卡；❷在"入场"选项组中选择"卡拉OK"动画；❸设置"动画时长"为最长，如图9-43所示。

图9-42

图9-43

STEP 08 在字幕轨道中选择第1段字幕素材，将其移至上方轨道中，如图9-44所示。

STEP 09 将第1段字幕的持续时间调整为与视频时长一致，如图9-45所示。

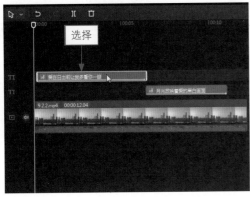

图9-44

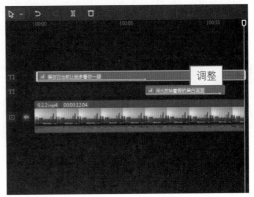

图9-45

STEP 10 用同样的方法调整第2段字幕的持续时间，如图9-46所示。

STEP 11 在"播放器"面板中依次调整两段字幕素材的位置，如图9-47所示。

图9-46　　　　　　　　　　　　　　　　　　　图9-47

STEP 12 ❶依次选择两段字幕素材；❷在"文本"选项卡中更改字幕的预设样式，使字幕效果更加美观，如图9-48所示。

图9-48

9.2.3　运用朗读功能制作字幕配音

【效果展示】剪映的"文本朗读"功能能够自动将视频中的文字内容转化为语音，提升观众的观看体验，效果如图9-49所示。

扫码看效果

扫码看视频

（a）

（b）

（c）

（d）

图9-49

下面介绍在剪映中运用朗读功能制作字幕配音的操作方法。

STEP 01 在剪映中导入一段视频素材，并将其添加到视频轨道中，如图9-50所示。

STEP 02 ❶切换至"文本"功能区的"新建文本"选项卡，❷单击"默认文本"中的"添加到轨道"按钮 ⊕，如图9-51所示。

STEP 03 执行操作后，即可添加一个默认文本，生成一条字幕轨道，如图9-52所示。

STEP 04 拖曳字幕轨道右侧的白色拉杆，将字幕的持续时间调整为与视频时长一致，如图9-53所示。

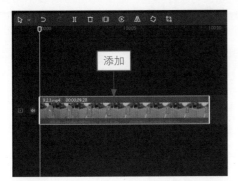
图9-50

图9-51

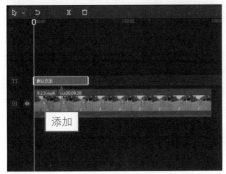
图9-52

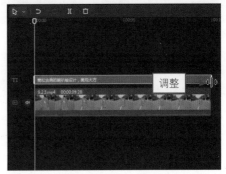
图9-53

STEP 05 选择一种合适的输入法，在"编辑"操作区的文本框中输入相应的文字内容，如图9-54所示。

图9-54

图9-55

图9-56

图9-57

STEP 06 文字输入完成后，在"播放器"面板中拖曳文本框四周的控制柄，调整文字的大小和位置，如图9-55所示。

STEP 07 在"预设样式"选项组中选择合适的预设样式，如图9-56所示。

STEP 08 ❶切换至"朗读"选项卡，❷选择"小姐姐"选项，❸单击"开始朗读"按钮，如图9-57所示。

STEP 09 稍等片刻，即可将文字转化为语音，并自动生成与文字内容同步的音频轨道，如图9-58所示。

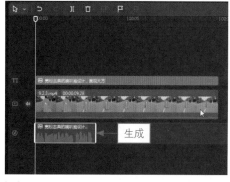

（a）   （b）

图9-58

STEP 10 分别按【Ctrl + C】和【Ctrl + V】组合键，将制作的字幕文件复制到上方轨道中，如图9-59所示。

STEP 11 分别调整两个字幕轨道的长度，如图9-60所示。

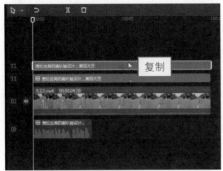

图9-59

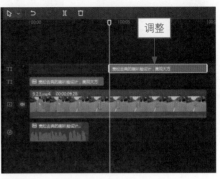

图9-60

STEP 12 在文本框中修改文字的内容，如图9-61所示。

图9-61

STEP 13 ❶切换至"朗读"选项卡，❷选择"小姐姐"选项，❸单击"开始朗读"按钮，如图9-62所示。

图9-62

STEP 14 稍等片刻，即可将文字转化为语音，并自动生成与文字内容同步的音频轨道，如图9-63所示。

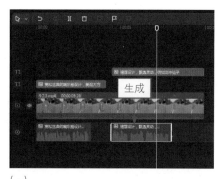 

（a）　　　　　　　　　　　　　（b）

图9-63

9.3 制作短视频字幕特效

为字幕添加动画效果可以使字幕更具有表现力。本节主要讲解制作文本打字动画、旋转飞入动画及文字错开特效的操作方法。

9.3.1 制作文本打字动画

【效果展示】在剪映中使用"打字机I"或"打字机II"动画效果，可以使添加的文字逐字显示在视频画面中，效果如图9-64所示。

 扫码看效果　　 扫码看视频

（a）　　　　　　　（b）　　　　　　　（c）　　　　　　　（d）

图9-64

下面介绍在剪映中制作文本打字动画的操作方法。

STEP 01 在剪映中导入一段视频素材，并将其添加到视频轨道中，如图9-65所示。

STEP 02 ❶单击"文本"按钮，❷在"新建文本"选项卡中单击"默认文本"选项右下角的"添加到轨道"按钮 ，如图9-66所示。

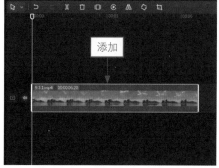 

图9-65　　　　　　　　　　图9-66

STEP 03 执行操作后，即可在字幕轨道中添加一个默认文本，如图9-67所示。

STEP 04 在"编辑"操作区的文本框中输入相应的文字内容，如图9-68所示。

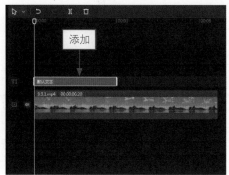

图9-67

图9-68

STEP 05 在"播放器"面板中可以查看输入的文本效果，如图9-69所示。

STEP 06 在"预设样式"选项组中选择合适的预设样式，如图9-70所示。

图9-69

图9-70

STEP 07 ❶在"字体"列表框中选择一种合适的字体效果，❷适当调整文字的大小和位置，如图9-71所示。

图9-71

STEP 08 ❶切换至"动画"操作区的"入场"选项卡，❷选择"打字机Ⅱ"动画，❸设置"动画时长"参数为"3.0s"，如图9-72所示。

STEP 09 执行操作后，拖曳字幕轨道右侧的白色拉杆，调整字幕时长与视频时长一致，即可制作出文本逐字显示的效果，如图9-73所示。

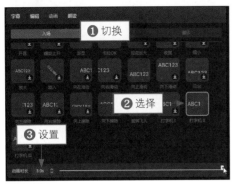

图9-72

图9-73

9.3.2 制作旋转飞入动画

【效果展示】旋转飞入动画是指文字以旋转飞入的方式逐渐显示在画面中，效果如图9-74所示。

扫码看效果　　扫码看视频

（a）　　　　（b）　　　　（c）　　　　（d）

图9-74

下面介绍使用剪映制作旋转飞入动画的操作方法。

STEP 01 在剪映中导入一段视频素材，并将其添加到视频轨道中，如图9-75所示。

STEP 02 ❶单击"文本"按钮，❷在"新建文本"选项卡中单击"默认文本"选项右下角的"添加到轨道"按钮➕，如图9-76所示。

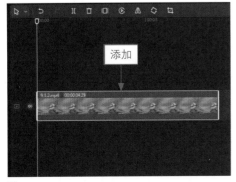

图9-75

图9-76

STEP 03 执行操作即可添加一个默认文本，如图9-77所示。

STEP 04 在"编辑"操作区的文本框中输入相应的文字内容，如图9-78所示。

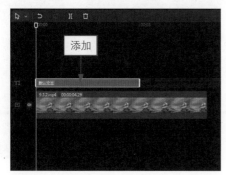

图9-77

图9-78

STEP 05 在"播放器"面板可以查看输入的文本效果，如图9-79所示。

STEP 06 在"预设样式"选项组中选择合适的预设样式，如图9-80所示。

图9-79

图9-80

STEP 07 ❶在"字体"列表框中选择一种合适的字体效果，❷适当调整文字的大小和位置，如图9-81所示。

图9-81

STEP 08 ❶切换至"动画"操作区的"入场"选项卡，❷选择"旋转飞入"动画，❸设置"动画时长"参数为"3.0s"，如图9-82所示。

STEP 09 执行操作后，拖曳字幕轨道右侧的白色拉杆，调整字幕时长与视频时长一致，即可制作出文本旋转飞入效果，如图9-83所示。

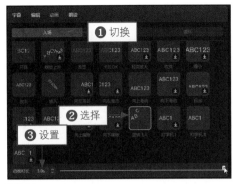

图9-82

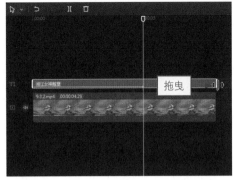

图9-83

9.3.3 制作文字错开特效

扫码看效果　　扫码看视频

【效果展示】文字错开特效是一种具有创意色彩的字幕效果，适合用来制作歌词字幕，非常新颖美观，效果如图9-84所示。

（a）　　　　（b）　　　　（c）　　　　（d）

图9-84

下面介绍使用剪映制作文字错开特效的操作方法。

STEP 01 在剪映中导入一段视频素材，并将其添加到视频轨道中，如图9-85所示。

STEP 02 ❶单击"文本"按钮，❷在"新建文本"选项卡中单击"默认文本"选项右下角的"添加到轨道"按钮➕，如图9-86所示。

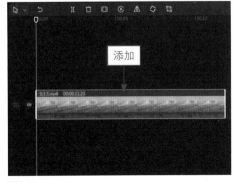

图9-85

图9-86

STEP 03 执行操作后即可在字幕轨道中添加一个默认文本，如图9-87所示。

STEP 04 在"编辑"操作区的文本框中输入歌词的前两个字，如图9-88所示。

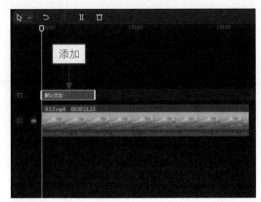

图9-87

图9-88

STEP 05 ❶切换至"花字"选项卡，❷选择一个花字样式，如图9-89所示。

STEP 06 复制文本并将其粘贴至第2条字幕轨道上，如图9-90所示。

图9-89

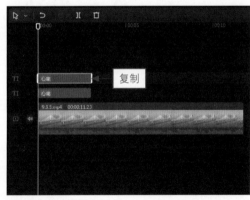

图9-90

STEP 07 切换至"编辑"操作区的"文本"选项卡，在文本框中修改文本内容，如图9-91所示。

STEP 08 ❶切换至"文本"功能区的"新建文本"选项卡，❷单击"默认文本"右下角的"添加到轨道"按钮 ⊕ ，如图9-92所示。

STEP 09 执行操作后即可新增第3条字幕轨道，并添加第3个文本，如图9-93所示。

STEP 10 ❶切换至"编辑"操作区的"文本"选项卡，❷在文本框中输入剩下的歌词内容，如图9-94所示。

剪映短视频制作完全自学一本通
（手机版+电脑版）

图9-91

图9-92

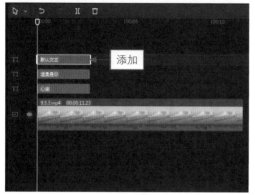

图9-93

图9-94

STEP 11 ❶切换至"排列"选项卡，❷设置"行间矩"为"8"，如图9-95所示。

STEP 12 ❶切换至"贴纸"功能区的"春日"选项卡，❷在需要的贴纸上单击"添加到轨道"按钮，如图9-96所示。

图9-95

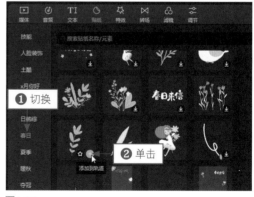

图9-96

STEP 13 执行操作后，即可添加"春日"贴纸，如图9-97所示。

STEP 14 ❶切换至"贴纸"功能区的"界面元素"选项卡，❷在音波跳动的贴纸上单击"添加到轨道"按钮，如图9-98所示。

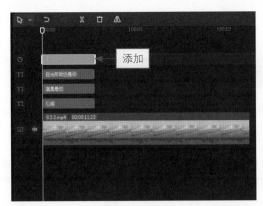

图9-97

图9-98

STEP 15 执行操作后，即可添加"界面元素"贴纸，如图9-99所示。

STEP 16 ❶搜索"音乐"贴纸，❷在需要添加的贴纸右下角单击"添加到轨道"按钮 ，如图9-100所示。

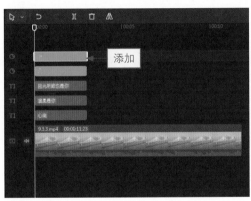

图9-99

图9-100

STEP 17 执行前述操作即可添加所选择的贴纸，如图9-101所示。

STEP 18 调整所有贴纸和字幕的时长与视频时长一致，如图9-102所示。

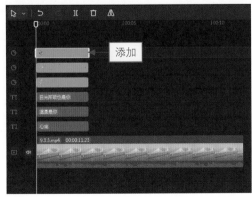

图9-101

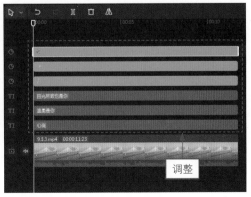

图9-102

STEP 19 调整字幕和贴纸的大小和位置，如图9-103所示。执行操作后即可预览效果。

图9-103

第10章　添加音频和制作卡点视频

【10.1 添加音频

剪映不仅自带类别丰富的音乐库和音效库，还可以提取并添加其他视频中的音乐和音效。用户为视频添加音乐或音效后，还可以进行编辑，如剪辑时长、复制音效、设置淡入淡出效果等。本节主要讲解添加音频的相关内容。

添加背景音乐并剪辑时长

【效果展示】在剪映中添加音频之后，还需要对音频进行剪辑，从而使其更适配视频，效果如图10-1所示。

（a）

（b）

扫码看效果

（c）

（d）

扫码看视频

图10-1

下面介绍在剪映中添加背景音乐并剪辑时长的操作方法。

STEP 01 在剪映中导入一段视频素材，并将其添加到视频轨道中，如图10-2所示。

STEP 02 ❶单击"音频"按钮，❷切换至"清新"选项卡，❸单击所选音频右下角的"添加到轨道"按钮⊕，如图10-3所示。

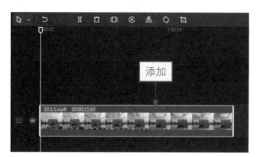

图10-2

图10-3

STEP 03 ❶拖曳时间指示器至视频素材末尾位置，❷单击"分割"按钮 ❚【，如图10-4所示。

STEP 04 单击"删除"按钮 ▯，如图10-5所示，即可删除后半段多余的音频，完成音频的剪辑操作。

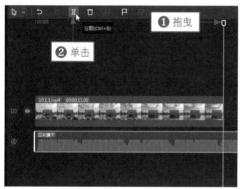

图10-4

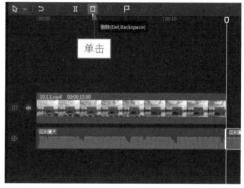

图10-5

添加场景音效并复制素材

【效果展示】剪映中的音效类别非常多，根据视频场景可以添加很多音效，这样能让音频内容更加丰富（可以对场景音效进行多次复制），效果如图10-6所示。

扫码看效果

扫码看视频

（a）　　　　　　（b）　　　　　　（c）　　　　　　（d）

图10-6

下面介绍在剪映中添加场景音效并复制素材的操作方法。

STEP 01 在剪映中导入一段视频素材，❶单击"音频"按钮，❷切换至"音效素材"选项卡，如图10-7所示。

STEP 02 ❶切换至"动物"选项区，❷单击"猫叫，小奶猫"音效右下角的"添加到轨道"按钮 ⊕，如图10-8所示。

图10-7

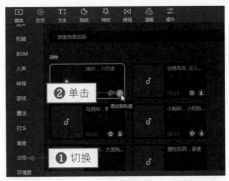

图10-8

专家提醒

剪映中的音效类别十分丰富，有十几种之多，选择与视频场景搭配的音效非常重要。这些音效不仅可以叠加使用，还能叠加背景音乐，从而使场景中的声音更加丰富。怎么选择最合适的音效呢？这就需要用户挨个去试听和选择了。

STEP 03 执行操作后，即可添加该音效，如图10-9所示。

STEP 04 按【Ctrl + C】组合键复制场景音效，然后将时间指示器移至相应位置，按【Ctrl + V】组合键粘贴场景音效，如图10-10所示。

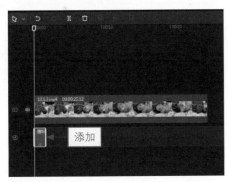

图10-9

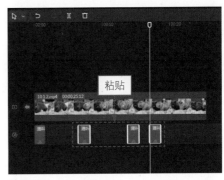

图10-10

STEP 05 将时间指示器移至素材的开始位置，❶切换至"笑声"选项卡，❷单击相应音效右下角的"添加到轨道"按钮，如图10-11所示。

STEP 06 执行操作后即可添加一段笑声，如图10-12所示。

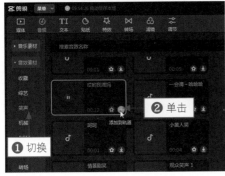

图10-11

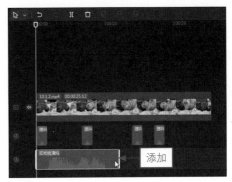

图10-12

STEP 07 将笑声素材向右拖曳至轨道的合适位置，如图10-13所示。

STEP 08 单击播放按钮 ，试听场景音效并预览视频画面，如图10-14所示。

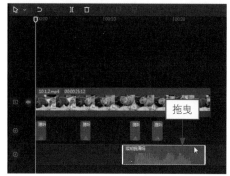
图10-13

图10-14

 专家提醒

在添加场景音效后，用户还可以在"基本"操作区中设置音量的大小。

10.1.3 提取音频并设置淡化效果

扫码看效果　　　扫码看视频

【效果展示】通过剪映中的提取音频功能可以提取视频的背景音乐，通过设置淡化效果可以让音频的进场和出场变得更加自然，效果如图10-15所示。

（a）　　　　　（b）　　　　　（c）　　　　　（d）
图10-15

下面介绍在剪映中提取音频和设置淡化效果的操作方法。

STEP 01 在剪映中导入一段视频素材，并将其添加到视频轨道中，如图10-16所示。

STEP 02 ❶单击"音频"按钮，❷切换至"音频提取"选项卡，❸单击"导入"按钮 ⊕，如图10-17所示。

STEP 03 ❶选择要提取音频的视频素材，❷单击"打开"按钮，如图10-18所示。

STEP 04 单击"添加到轨道"按钮 ⊕，如图10-19所示。

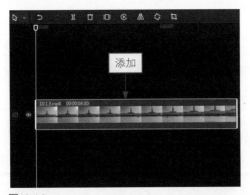

图10-16

图10-17

图10-18

图10-19

STEP 05 调整音频时长，使其与视频素材的时长一致，如图10-20所示。

STEP 06 设置"淡入时长"和"淡出时长"均为"0.5s"，如图10-21所示。

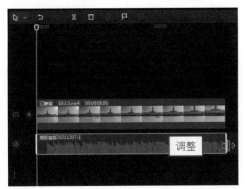

图10-20

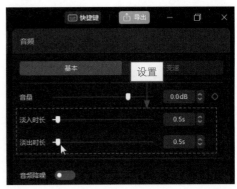

图10-21

10.2 制作卡点视频

在各大短视频平台中，卡点视频是一种非常热门的视频类型。想制作出好的卡点视频，就需要先找到音乐的节奏点，再根据节奏点调整视频的时长和添加其他效果。

10.2.1　制作甩入卡点视频

扫码看效果　　扫码看视频

【效果展示】使用剪映的"手动踩点"功能和"雨刷"动画效果可以制作出炫酷的甩入卡点视频，效果如图10-22所示。

（a）　　　　　　（b）　　　　　　（c）　　　　　　（d）　　　　　　（e）

图10-22

下面介绍制作甩入卡点视频的操作方法。

STEP 01 在剪映中导入多个素材文件，并分别添加到视频轨道和音频轨道中，如图10-23所示。

STEP 02 ❶选择音频素材，❷拖曳时间指示器至音乐鼓点的位置处，❸单击"手动踩点"按钮▶，如图10-24所示。

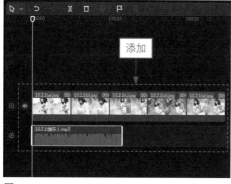
图10-23

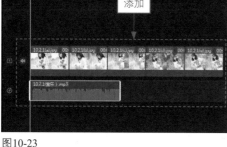
图10-24

STEP 03 执行操作后，即可添加一个黄色的节拍点，如图10-25所示。

STEP 04 使用同样的操作方法在其他的音乐鼓点处添加黄色的节拍点，如图10-26所示。

STEP 05 在视频轨道中，选择第1个素材文件，拖曳其右侧的白色拉杆，使其对准音频轨道中的第1个节拍点，如图10-27所示。

STEP 06 使用同样的操作方法，调整后面的素材文件时长，如图10-28所示。

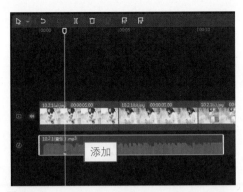
图10-25

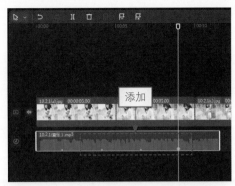
图10-26

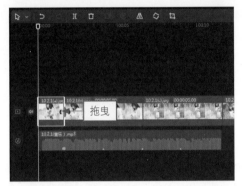
图10-27

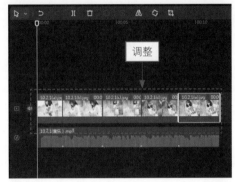
图10-28

STEP 07 选择第2个素材文件，❶切换至"动画"选项卡，❷在"入场"选项组中选择"雨刷"选项，❸设置 "动画时长"为"0.7s"，如图10-29所示。

STEP 08 使用同样的操作方法为后面的素材文件添加"雨刷"入场动画效果，并调整"动画时长"为 "0.7s"，在视频轨道中会显示相应的动画标记，如图10-30所示。

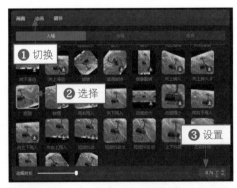
图10-29

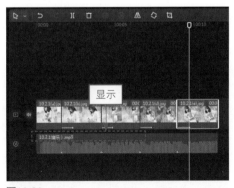
图10-30

 专家提醒

关于"入场"动画的设置，用户可根据自己的喜好及视频的效果进行添加。

STEP 09 拖曳时间指示器至起始位置，如图10-31所示。

STEP 10 ❶切换至"特效"功能区，❷在"基础"选项卡中单击"变清晰"特效的"添加到轨道"按钮➕，如 图10-32所示。

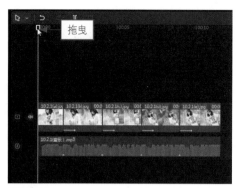

图10-31

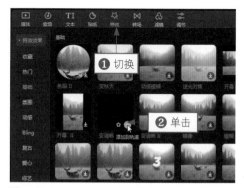

图10-32

STEP 11 执行操作后，即可添加一个"变清晰"特效，将特效时长调整为与第1个素材时长一致，如图10-33所示。

STEP 12 在"特效"功能区中，❶切换至"氛围"选项卡，❷选择"星火炸开"选项，如图10-34所示。

图10-33

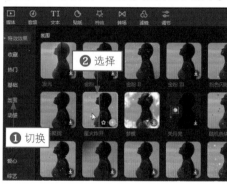

图10-34

🔖 **专家提醒**

在"氛围"选项卡中有多种视频特效，用户可以多尝试几种视频特效。

STEP 13 单击"添加到轨道"按钮➕，在第2个素材文件的上方添加一个与其时长一致的"星火炸开"特效，如图10-35所示。

STEP 14 复制"星火炸开"特效，将其粘贴到其他的素材文件上方，并适当调整时长，如图10-36所示。执行操作后，即可播放视频，查看制作的甩入卡点视频。

图10-35

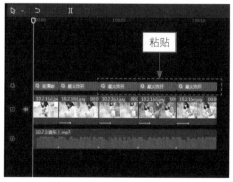

图10-36

10.2.2 制作渐变卡点视频

【效果展示】渐变卡点视频是短视频卡点类型中比较热门的一种，视频画面会随着音乐的节奏从黑白色渐变为彩色的画面。用户可使用剪映的"自动踩点"功能和"变彩色"特效制作出色彩渐变卡点短视频，效果如图10-37所示。

扫码看效果　　　　扫码看视频

（a）　　　　　　（b）　　　　　　（c）　　　　　　（d）

（e）　　　　　　（f）　　　　　　（g）　　　　　　（h）

图10-37

下面介绍使用剪映制作渐变卡点视频的操作方法。

STEP 01 导入多个素材文件，并添加到视频轨道中，如图10-38所示。

STEP 02 在音频轨道中添加合适的背景音乐，如图10-39所示。

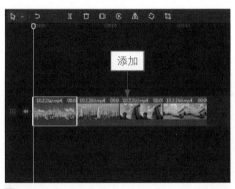

图10-38

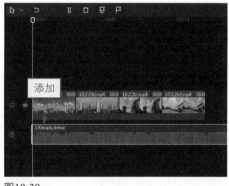

图10-39

STEP 03 ❶选择音频轨道中的素材，❷单击"自动踩点"按钮▣，❸在弹出的列表框中选择"踩节拍Ⅰ"选项，如图10-40所示。

STEP 04 ❶执行前述操作即可在音频轨道上添加黄色的节拍点；❷拖曳第1个素材文件右侧的白色拉杆，使其对准音频轨道上的第2个节拍点，如图10-41所示。

STEP 05 使用同样的操作方法调整后面的素材时长，并剪掉多余的背景音乐，如图10-42所示。

STEP 06 将时间指示器拖曳至起始位置，❶切换至"特效"功能区；❷在"基础"选项卡中单击"变彩色"特效的"添加到轨道"按钮➕，如图10-43所示。

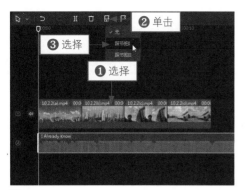

图10-40

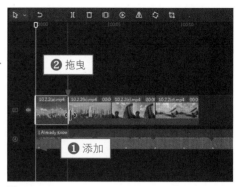

图10-41

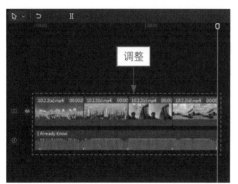

图10-42

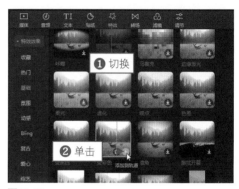

图10-43

STEP 07 执行操作后，即可添加"变彩色"特效，如图10-44所示。

STEP 08 拖曳特效右侧的白色拉杆，调整特效时长与第1段视频时长一致，如图10-45所示。

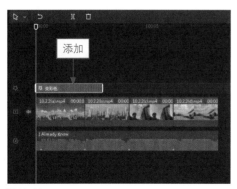

图10-44

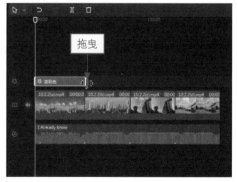

图10-45

STEP 09 通过复制粘贴的方式，在其他3个视频的上方分别添加与视频同长的"变彩色"特效，如图10-46所示。执行操作后，即可在预览窗口中查看渐变卡点视频效果。

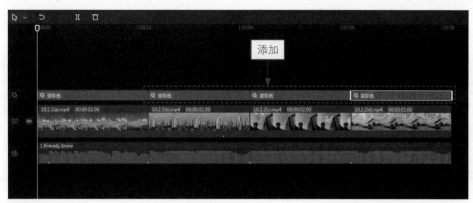

图10-46

10.2.3 制作片头卡点视频

【效果展示】运用剪映中的"蒙版"功能和"向右上甩入"视频动画功能，可以制作三屏斜切飞入的动感片头，效果如图10-47所示。

 扫码看效果　 扫码看视频

（a）　　　　　（b）　　　　　（c）　　　　　（d）

图10-47

下面介绍在剪映中制作片头卡点视频的操作方法。

STEP 01 在"媒体"功能区的"本地"选项卡中，单击"导入"按钮，如图10-48所示。

STEP 02 弹出"请选择媒体资源"对话框，❶从中选择需要导入的素材，❷单击"打开"按钮，如图10-49所示。

图10-48

图10-49

STEP 03 执行操作后，即可导入选择的素材，如图10-50所示。

STEP 04 将音频素材添加到音频轨道上，如图10-51所示。

剪映短视频制作完全自学一本通
（手机版+电脑版）

图10-50

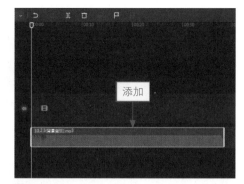

图10-51

STEP 05 ❶拖曳时间指示器至00:00:05:00，❷单击"分割"按钮，如图10-52所示。

STEP 06 ❶选择分割的后一段音频，❷单击"删除"按钮，如图10-53所示。

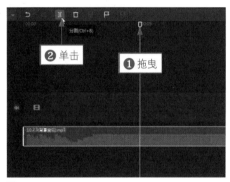

图10-52

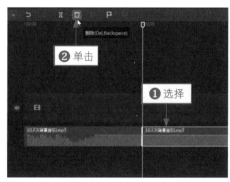

图10-53

STEP 07 选择音频素材，❶切换至"音频"操作区的"基本"选项卡，❷设置"淡出时长"参数为"0.2s"，如图10-54所示。

STEP 08 ❶将时间指示器拖曳至合适的位置，❷单击"手动踩点"按钮，如图10-55所示。

图10-54

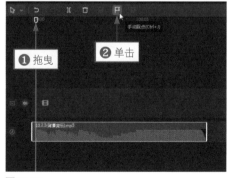

图10-55

STEP 09 执行操作后，即可在音频素材轨道上添加一个节拍点，如图10-56所示。

STEP 10 用前述方法在音频素材的其他位置添加两个节拍点，如图10-57所示。

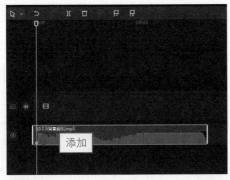

图10-56

图10-57

STEP 11 将时间指示器拖曳至起始位置，❶切换至"媒体"功能区，❷选择"素材库"选项卡中的"黑白场"选项，❸单击黑场素材的"添加到轨道"按钮，如图10-58所示。

STEP 12 将黑场素材添加至视频轨道中，设置黑场素材的时长为3秒，如图10-59所示。

图10-58

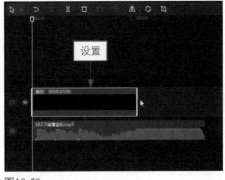

图10-59

STEP 13 在"媒体"功能区的"本地"选项卡中选择"10.2.3(a).mp4"视频素材，如图10-60所示。

STEP 14 按住鼠标左键，将"10.2.3(a).mp4"视频素材拖曳至画中画轨道中，并使其起始位置对齐音频轨道上的第1个节拍点，如图10-61所示。

图10-60

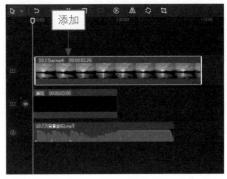

图10-61

STEP 15 用前述方法将"10.2.3(b).mp4"视频和"10.2.3(c).mp4"视频分别拖曳至画中画轨道上，并依次对齐音频轨道上的节拍点，如图10-62所示。

STEP 16 执行操作后，调整画中画轨道上素材的时长，使素材的结束位置与视频轨道中的黑场素材的结束位置对齐，如图10-63所示。

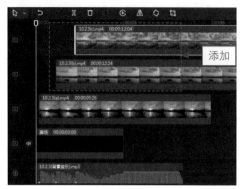

图10-62   图10-63

STEP 17 用拖曳的方式，将"媒体"功能区中的"10.2.3(d).mp4"视频素材添加到视频轨道中黑场素材的后面，并调整视频的时长，如图10-64所示。

STEP 18 选择第1条画中画轨道中的视频素材，❶切换至"画面"操作区的"蒙版"选项卡，❷选择"镜面"选项，如图10-65所示。

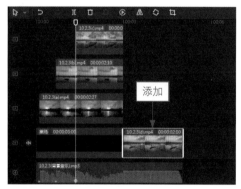
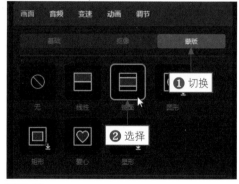

图10-64   图10-65

STEP 19 调整蒙版的大小、位置和角度，如图10-66所示。

STEP 20 选择第2条画中画轨道中的视频素材，添加"镜面"蒙版效果；调整蒙版的大小、位置和角度，如图10-67所示。

STEP 21 选择第3条画中画轨道中的视频素材，添加"镜面"蒙版效果；调整蒙版的大小、位置和角度，如图10-68所示。

STEP 22 选择第1条画中画轨道中的视频素材，❶切换至"动画"操作区的"入场"选项卡，❷选择"向右上甩入"选项，如图10-69所示。

图10-66

图10-67

图10-68

图10-69

STEP 23 使用相同的操作方法为画中画轨道中的另外两个视频添加"向右上甩入"入场动画,效果如图10-70所示。执行操作后,即可查看片头卡点视频效果。

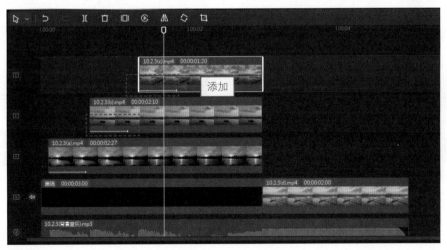

图10-70

 专家提醒

在"入场"选项卡中有几十种动画效果,用户可根据需要选择合适的动画。

10.2.4 制作旋转卡点视频

扫码看效果   扫码看视频

【效果展示】运用剪映的"自动踩点"功能、"镜面"蒙版和"立方体"动画制作出的旋转卡点视频充满三维立体感，效果如图10-71所示。

（a）

（b）

（c）

（d）

（e）

图10-71

下面介绍使用剪映制作旋转卡点视频效果的操作方法。

STEP 01 导入多个素材文件，添加到视频轨道中，并添加合适的音乐，如图10-72所示。

STEP 02 在"播放器"面板中，❶设置预览窗口的画布比例为9：16，❷调整视频画布的大小，如图10-73所示。

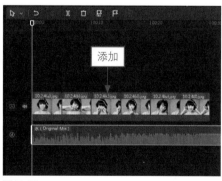

图10-72

图10-73

STEP 03 在视频轨道中选择第1个素材文件，如图10-74所示。

STEP 04 在"画面"操作区中，❶切换至"背景"选项卡，❷在"模糊"选项组中选择合适的模糊程度，❸单击"应用到全部"按钮，如图10-75所示。

STEP 05 ❶选择音频轨道中的素材，❷单击"自动踩点"按钮，❸在弹出的列表框中选择"踩节拍Ⅰ"选项，如图10-76所示。

STEP 06 ❶执行操作后，即可在音频轨道上添加黄色的节拍点；❷拖曳第1个素材文件右侧的白色拉杆，使其对准音频轨道上的第2个节拍点，如图10-77所示。

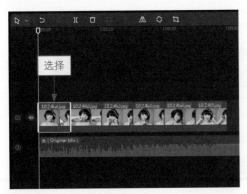

图10-74

图10-75

图10-76

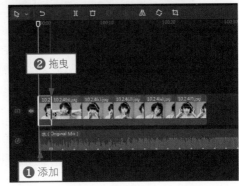

图10-77

STEP 07 使用同样的操作方法调整后面的素材时长，并剪掉多余的背景音乐，如图10-78所示。

STEP 08 选择第1个素材文件，❶切换至"画面"操作区的"蒙版"选项卡，❷选择"镜面"选项，如图10-79所示。

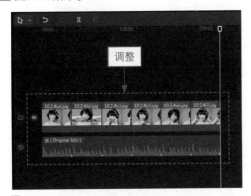

图10-78

图10-79

STEP 09 ❶设置"旋转"参数为"90°"，❷设置"羽化"参数为"100"，设置素材的旋转与羽化效果，如图10-80所示。

STEP 10 ❶切换至"动画"操作区，❷在"组合"选项卡中选择"立方体"选项，如图10-81所示。

STEP 11 ❶切换至"特效"功能区，❷在"动感"选项卡中选择"霓虹灯"选项为视频添加"霓虹灯"边框特效，如图10-82所示。

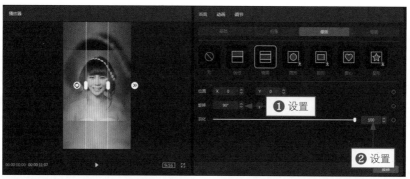

图10-80

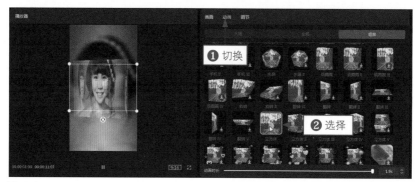

图10-81

图10-82

STEP 12 单击"添加到轨道"按钮 ➕，在轨道上添加一个"霓虹灯"特效，并调整特效时长，如图10-83所示。用同样的操作方法为其余的素材添加蒙版和动画效果。执行操作后，即可在预览窗口中播放视频，查看制作的视频。

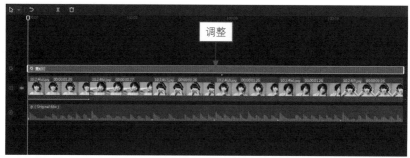

图10-83

10.2.5 制作立体卡点视频

【效果展示】立体卡点视频是运用剪映的蒙版和立体动画制作而成的，画面丰富且美观，效果如图10-84所示。

扫码看效果

扫码看视频

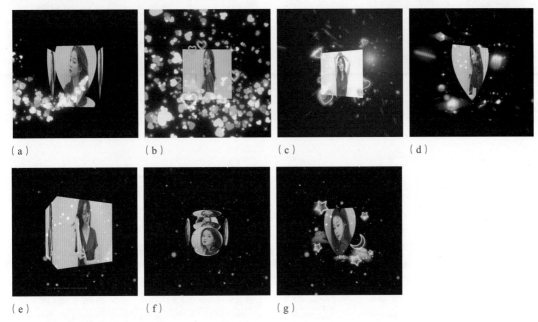

（a）　　　　　（b）　　　　　（c）　　　　　（d）

（e）　　　　　（f）　　　　　（g）

图10-84

下面介绍使用剪映制作立体卡点视频的具体操作方法。

STEP 01 导入多个素材文件，并添加到视频轨道中，如图10-85所示。

STEP 02 在音频轨道中添加合适的背景音乐，如图10-86所示。

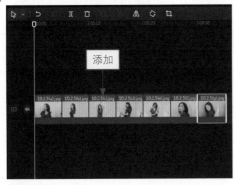

图10-85

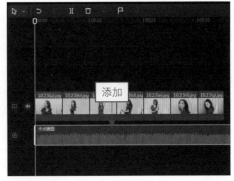

图10-86

STEP 03 ❶选择音频轨道中的素材，❷单击"自动踩点"按钮，❸在弹出的列表框中选择"踩节拍I"选项，如图10-87所示。

STEP 04 执行操作后，即可在音频轨道上添加黄色的节拍点；拖曳第1个素材右侧的白色拉杆，使其对准音频轨道上的第2个节拍点，如图10-88所示。

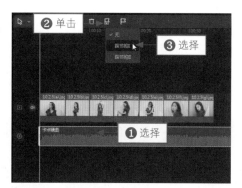

图10-87

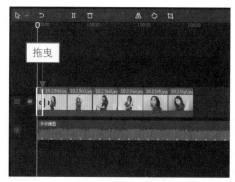

图10-88

STEP 05 使用同样的操作方法调整后面的素材时长，并剪掉多余的背景音乐，如图10-89所示。

STEP 06 选择视频轨道中的第1个素材文件，如图10-90所示。

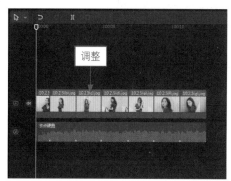

图10-89

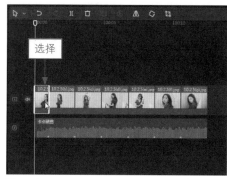

图10-90

STEP 07 ❶切换至"画面"操作区的"蒙版"选项卡，❷选择"爱心"选项，❸在"播放器"面板中调整蒙版的大小和位置，如图10-91所示。

图10-91

STEP 08 ❶切换至"动画"操作区的"组合"选项卡，❷选择"立方体"选项，添加动画效果，如图10-92所示。

STEP 09 ❶切换至"画面"操作区的"蒙版"选项卡，❷选择"镜面"选项，❸在"播放器"面板中调整蒙版的大小和位置，如图10-93所示。

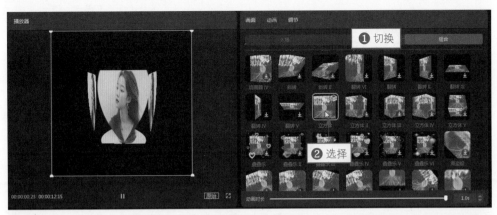

图10-92

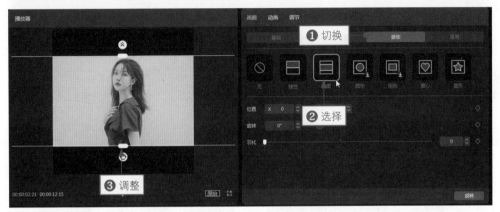

图10-93

STEP
10 ❶切换至"动画"操作区的"组合"选项卡，❷选择"叠叠乐"选项，如图10-94所示。

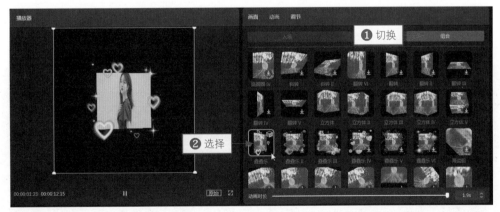

图10-94

STEP
11 将时间指示器移至素材的起始位置，❶切换至"特效"功能区；❷在"热门"选项卡中选择"彩虹爱心"选项，单击右下角的"添加到轨道"按钮，如图10-95所示。

图10-95

STEP 12 执行操作后，即可添加"彩虹爱心"视频特效，调整特效的时长，使其对齐第2段素材。单击播放按钮 ▶，预览添加"彩虹爱心"视频特效后的画面效果，如图10-96所示。

（a）

（b）

图10-96

STEP 13 按照同样的方法为其他的素材添加蒙版和组合动画效果。为视频添加"星火炸开"特效如图10-97所示。

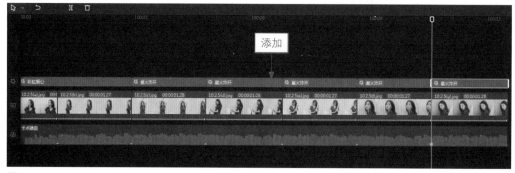

图10-97

第11章 抠图技巧、蒙版合成和关键帧

11.1 智能抠像与色度抠图

剪映中的智能抠像和色度抠图功能可以帮助用户轻松抠出视频中的人像，并利用抠出来的人像制作出不同的视频效果。本节主要通过案例向读者介绍智能抠像与色度抠图的相关技巧。

11.1.1 运用智能抠像功能更换人物背景

【效果展示】在剪映中运用智能抠像功能可以更换视频的背景，做出身临其境的效果，如图11-1所示。

（a）

（b）

扫码看效果

（c）

（d）

扫码看视频

图11-1

下面介绍在剪映中运用智能抠像功能更换人物背景的操作方法。

STEP 01 在剪映中导入一段视频素材，并添加至视频轨道中，如图11-2所示。

STEP 02 再次导入一段视频素材，并添加至画中画轨道中，如图11-3所示。

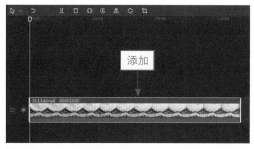

图11-2

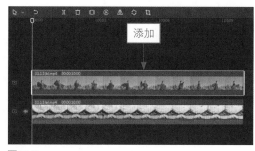

图11-3

STEP 03 选择画中画轨道中的人物素材，❶切换至"画面"操作区的"抠像"选项卡，❷单击"智能抠像"按钮，如图11-4所示。

STEP 04 执行操作后，即可对视频中的人物进行抠像处理，可显示处理进度，如图11-5所示。

图11-4

图11-5

STEP 05 待处理完成后，在"播放器"面板中可以查看抠出的人像效果，如图11-6所示。

STEP 06 将人物移动至合适的位置，如图11-7所示，预览视频效果。

图11-6

图11-7

11.1.2 运用智能抠像功能保留人物色彩

【效果展示】在剪映中通过智能抠像可以把人像抠出来，并保留人物色彩，之后运用"下雪"特效做出下雪时人没有被雪覆盖的效果，如图11-8所示。

扫码看效果

扫码看视频

（a） （b） （c）

图11-8

下面介绍在剪映中运用智能抠像功能保留人物色彩的操作方法。

STEP 01 在剪映中导入视频素材，拖曳时间指示器至视频2秒左右的位置，❶单击"滤镜"按钮，❷在"黑白"选项卡中单击"默片"选项的"添加到轨道"按钮 ⊕，如图11-9所示。

STEP 02 ❶单击"调节"按钮，❷单击"自定义调节"右下角的"添加到轨道"按钮 ⊕，如图11-10所示。

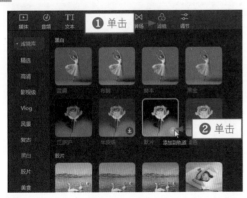

图11-9

图11-10

STEP 03 在"调节"面板中设置"对比度"参数为"-16"，设置"高光"参数为"-15"，设置"光感"参数为"-12"，设置"锐化"参数为"13"，如图11-11所示。

图11-11

STEP 04 ❶单击"特效"按钮，❷在"圣诞"选项卡中单击"大雪纷飞"右下角的"添加到轨道"按钮 ⊕，如图11-12所示。

STEP 05 调整滤镜，调节特效的时长，使其与视频时长一致，如图11-13所示。

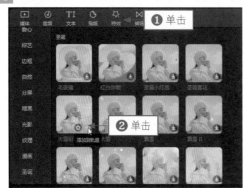

图11-12

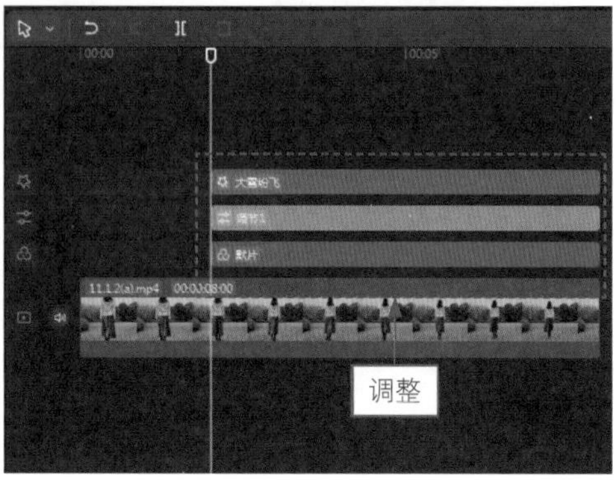

图11-13

STEP 06 单击"导出"按钮，如图11-14所示，导出视频文件。

STEP 07 导入上一步导出的视频素材和原始的视频素材，如图11-15所示。

图11-14

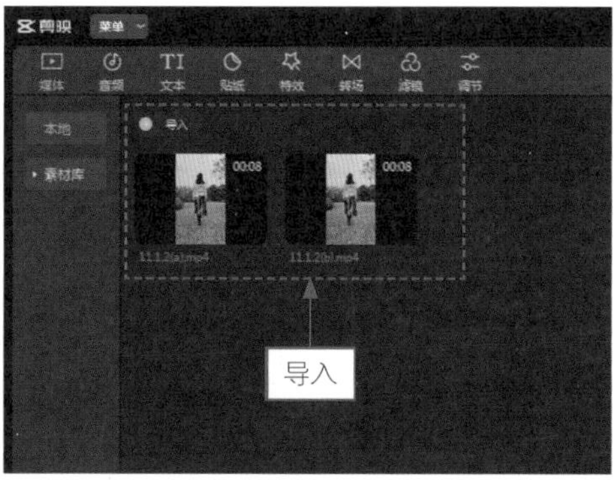

图11-15

STEP 08 拖曳上一步导出的视频素材至视频轨道，拖曳原始视频素材至画中画轨道，如图11-16所示。

STEP 09 ❶切换至"画面"操作区的"抠像"选项卡，❷单击"智能抠像"按钮，如图11-17所示。

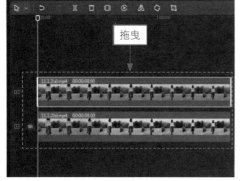

图11-16

图11-17

STEP 10 执行操作即可对视频进行抠像处理。❶单击"音频"按钮，❷添加合适的背景音乐，如图11-18所示。

STEP 11 调整音频的时长，使其与视频素材的时长一致，如图11-19所示。

图11-18   图11-19

 专家提醒

手机版的剪映 App 中也有智能抠像功能，抠图的精准度也非常高。

 ### 11.1.3 运用色度抠图功能制作手机特效

【效果展示】在剪映中运用色度抠图功能可以抠出不需要的色彩，留下想要的视频画面，而运用这个功能可以套用很多素材，比如穿越手机这个素材可以让画面从手机中穿越出来，效果如图11-20所示。

（a）

（b）

（c）

（d）

图11-20

扫码看效果

扫码看视频

下面介绍在剪映中运用色度抠图功能制作手机特效的操作方法。

 STEP 01 在剪映中导入一段视频素材和穿越手机的视频素材，如图11-21所示。

 STEP 02 将视频素材导入视频轨道中，将穿越手机的视频素材拖曳至画中画轨道中，如图11-22所示。

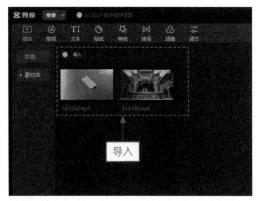

图11-21

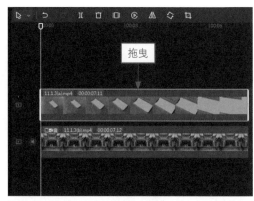

图11-22

STEP 03 ❶切换至"画面"操作区的"抠像"选项卡；❷选中"色度抠图"；❸单击"取色器"按钮 ![pen]；❹拖曳取色器，对画面中的绿色进行取样，如图11-23所示。

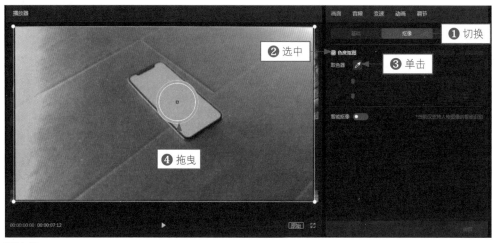

图11-23

STEP 04 拖曳滑块，设置"强度"和"阴影"参数为"100"，如图11-24所示。

图11-24

STEP 05 ❶单击"音频"按钮，❷添加合适的音乐，如图11-25所示。

STEP 06 调整音频时长，使其与视频的时长一致，如图11-26所示。

图11-25

图11-26

【11.2 蒙版合成和关键帧动画

剪映中的"蒙版"一共有6种样式，分别是"线性""镜面""圆形""矩形""爱心""星形"，运用不同样式的蒙版可以制作出不同的视频效果。运用剪映中的"关键帧"功能也可以制作出许多富有变化的视频效果。

运用蒙版制作调色对比效果

【效果展示】在剪映中运用"线性"蒙版可以制作调色滑屏对比视频，将调色前后的两个视频合成在一个视频场景中，随着蒙版线的移动，调色前的视频画面逐渐消失，而调色后的视频画面逐渐显现，效果如图11-27所示。

扫码看效果　　　　扫码看视频

（a）

（b）

（c）

（d）　　　　　　（e）　　　　　　（f）

图11-27

下面介绍在剪映中运用"线性"蒙版制作调色对比效果的操作方法。

STEP 01 在剪映中导入相应的视频素材，将调色前的视频素材拖曳至画中画轨道，如图11-28所示。

STEP 02 ❶切换至"蒙版"选项卡，❷选择"线性"蒙版，❸设置"旋转"参数为"90°"，如图11-29所示。

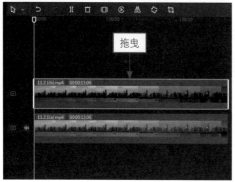

图11-28

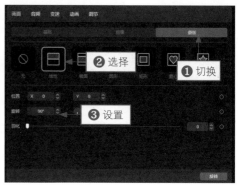

图11-29

STEP 03 ❶将蒙版线拖曳至视频的最左侧，❷单击"位置"右侧的"添加关键帧"按钮，如图11-30所示。

图11-30

STEP 04 拖曳时间指示器至视频结束位置，拖曳蒙版线至视频的最右侧，如图11-31所示，在"播放器"面板中可以预览视频效果。

图11-31

STEP 05 ❶单击"音频"按钮，❷添加合适的音乐，如图11-32所示。

STEP 06 调整音频时长，使其与视频时长一致，如图11-33所示。

图11-32　　　　　　　　　　　　　　　　图11-33

运用蒙版遮盖视频中的水印

扫码看效果　　　扫码看视频

【效果展示】在剪映中运用"矩形"蒙版可以遮盖视频中的水印，效果如图11-34所示。

（a）　　　　　　　（b）　　　　　　　（c）　　　　　　　（d）

图11-34

下面介绍在剪映中运用"矩形"蒙版遮盖视频水印的操作方法。

STEP 01 在剪映中导入一段视频素材，并添加至视频轨道，如图11-35所示。

STEP 02 ❶单击"特效"按钮，❷在"基础"选项卡中单击"模糊"特效右下角的"添加到轨道"按钮，如图11-36所示。

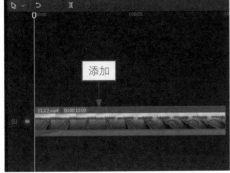 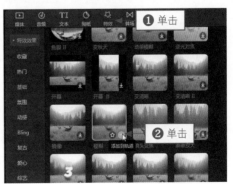

图11-35　　　　　　　　　　　　　　　　图11-36

STEP 03 调整特效的时长，使其与视频的时长一致，如图11-37所示。

STEP 04 单击"导出"按钮导出视频，如图11-38所示。

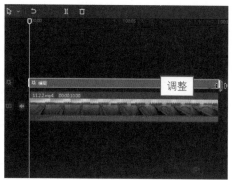

图11-37　　　　　　　　　　　　　　　　图11-38

STEP 05 在剪映中导入上一步导出的视频素材，将原始视频素材添加到视频轨道，将上一步导出的视频素材拖曳至画中画轨道，如图11-39所示。

STEP 06 ❶切换至"蒙版"选项卡，❷选择"矩形"蒙版，如图11-40所示。

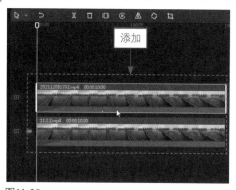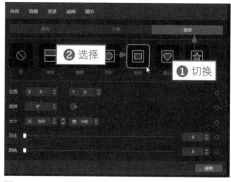

图11-39　　　　　　　　　　　　　　　　图11-40

STEP 07 调整蒙版的大小和位置，使其盖住水印，如图11-41所示，在"播放器"面板中预览视频。

图11-41

11.2.3 运用关键帧让照片变成动态视频

【效果展示】剪映的"关键帧"功能可以让照片变成动态的视频,方法非常简单,效果如图11-42所示。

 扫码看效果　 扫码看视频

（a）　　　　（b）　　　　（c）　　　　（d）　　　　（e）

图11-42

下面介绍在剪映中运用关键帧让照片变成动态视频的操作方法。

STEP 01 在剪映中导入一张照片素材,将时长设置为15秒,如图11-43所示。

STEP 02 单击"原始"按钮,设置视频画面比例为"9∶16",如图11-44所示。

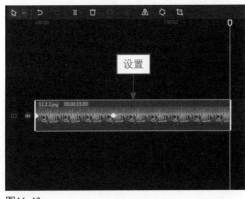

图11-43　　　　　　　　　　　　图11-44

STEP 03 拖曳时间指示器至视频的起始位置,❶调整素材画面的大小,使其铺满屏幕;❷调整画面位置,使画面最左侧的位置为视频的起始位置;❸单击"位置"右侧的"添加关键帧"按钮◇,如图11-45所示。

STEP 04 拖曳时间指示器至视频的结束位置,调整画面位置,使画面最右侧为视频的结束位置,如图11-46所示。

STEP 05 拖曳时间指示器至视频的起始位置,❶单击"贴纸"按钮,❷切换至"旅行"选项卡,❸单击相应贴纸右下角的"添加到轨道"按钮,如图11-47所示。

STEP 06 执行操作即可将贴纸添加到轨道中,如图11-48所示。

图11-45

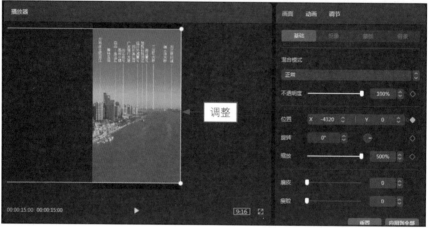

图11-46

图11-47   图11-48

STEP 07 调整贴纸轨道右侧的白色拉杆，使其与视频素材的末尾对齐，如图11-49所示。

STEP 08 在"播放器"面板中调整贴纸的大小和位置，如图11-50所示。

STEP 09 单击播放按钮 ▶️，预览贴纸的动态效果，如图11-51所示。

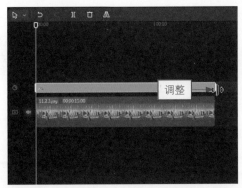

图11-49

图11-50

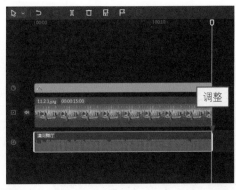

（a）　　　　　　　　　　　　（b）

图11-51

STEP 10 ❶单击"音频"按钮，❷添加合适的音乐，如图11-52所示。

STEP 11 调整音频的时长，使其与视频的时长一致，如图11-53所示。

图11-52　　　　　　　　　　　图11-53

11.2.4　运用关键帧制作滑屏 vlog 视频

【效果展示】在剪映中运用"关键帧"功能可以制作滑屏vlog视频，让视频中有视频，如图11-54所示。

扫码看效果

扫码看视频

（a）

（b）

（c）

（d）

图11-54

下面介绍在剪映中运用"关键帧"功能制作滑屏vlog视频的操作方法。

STEP 01 在剪映中导入4段视频素材，并添加至视频轨道中，如图11-55所示。

STEP 02 将第2段、第3段和第4段素材分别拖曳至画中画轨道中，然后调整素材的时长，使其与第1段视频素材的时长一致，如图11-56所示。

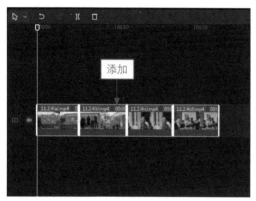
图11-55

图11-56

STEP 03 单击"原始"按钮，设置视频画面比例为"9∶16"，如图11-57所示。

STEP 04 ❶切换至"背景"选项卡，❷设置"背景填充"的"样式"，❸选择合适的样式，如图11-58所示。

图11-57

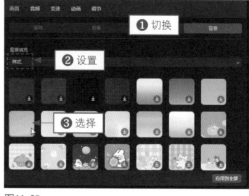
图11-58

STEP 05 调整4段视频素材的画面位置和大小，如图11-59所示。

STEP 06 单击"导出"按钮导出视频，如图11-60所示。

图11-59

图11-60

STEP 07 在剪映中新建一个项目，导入上一步导出的视频素材，并添加至视频轨道中，如图11-61所示。

STEP 08 单击"原始"按钮，设置视频画面比例为"16：9"，如图11-62所示。

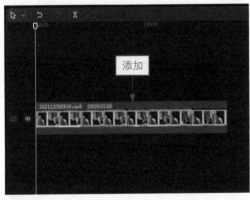

图11-61

图11-62

STEP 09 ❶调整画面的大小和位置，使画面最上面位置为视频的起始位置；❷单击"位置"右侧的"添加关键帧"按钮，如图11-63所示。

STEP 10 拖曳时间指示器至视频的结束位置，调整素材的画面位置，使画面最下面的位置为视频的结束位置，如图11-64所示。

STEP 11 拖曳时间指示器至视频的起始位置，❶单击"文本"按钮，❷切换至"文字模板"选项卡，❸单击相应模板右下角的"添加到轨道"按钮，如图11-65所示。

STEP 12 执行操作即可将文字模板添加到轨道中，如图11-66所示。

图11-63

图11-64

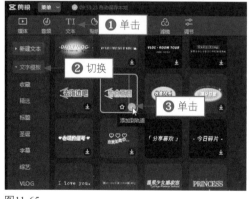

图11-65

图11-66

STEP 13 在"编辑"文本框中修改文字内容，如图11-67所示。

STEP 14 在"播放器"面板中调整文字的位置和大小，如图11-68所示。

图11-67

图11-68

STEP 15 调整字幕轨道右侧的白色拉杆，使其与视频素材的结束位置对齐，如图11-69所示。

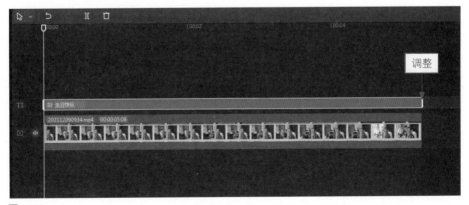

图11-69

STEP 16 ❶为视频素材添加一段合适的背景音乐；❷调整音频的时长，使其与视频素材的时长一致，如图11-70所示。

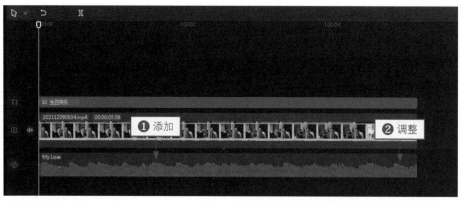

图11-70

第12章 制作视频转场的效果

本章要点

用户在制作短视频时，可根据不同场景的需要添加合适的转场效果，让画面之间的切换更加自然、流畅。剪映中包含了大量的转场效果。本章将为大家详细介绍制作视频转场效果的方法，从而使短视频具有更强的视觉冲击力。

【12.1 添加、删除和设置转场】

剪映提供了7种类型的转场效果，包括"基础转场""综艺转场""运镜转场""特效转场""MG转场""幻灯片""遮罩转场"。合适的转场效果能给视频增加很多亮点。本节主要讲解添加、删除和设置转场的方法。

添加和删除转场

扫码看视频

STEP 01 在剪映中导入相应的素材，单击"转场"按钮即可进入"转场"功能区，如图12-1所示。

图12-1

STEP 02 切换至"遮罩转场"选项卡，如图12-2所示。

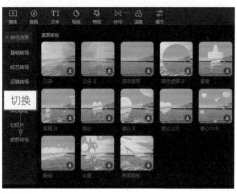
图12-2

STEP 03 ❶单击"圆形遮罩"选项，❷预览转场效果，如图12-3所示。

图12-3

STEP 04 单击"圆形遮罩"右下角的"添加到轨道"按钮 ➕，如图12-4所示，即可添加转场。

STEP 05 ❶选择两段视频素材之间的转场按钮 ▨；❷单击"删除"按钮 ▣，如图12-5所示，即可删除"圆形遮罩"转场。

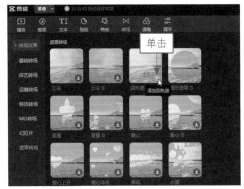

图12-4

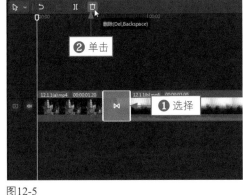

图12-5

12.1.2 设置转场的时长

【效果展示】为视频添加合适的转场效果，并设置转场的持续时间，这样可以让素材之间的切换更流畅、增加视频的趣味性，如图12-6所示。

扫码看效果　　　　扫码看视频

（a）　　　　　　（b）　　　　　　（c）　　　　　　（d）

图12-6

下面介绍在剪映中设置转场时长的操作方法。

STEP 01 在剪映中导入两段视频素材，并添加至视频轨道中，如图12-7所示。

STEP 02 ❶单击"转场"按钮，❷切换至"遮罩转场"选项卡，❸单击"云朵"选项右下角的"添加到轨道"按钮，如图12-8所示。

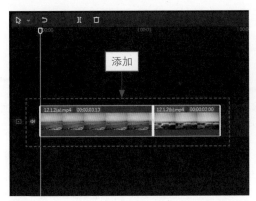

图12-7

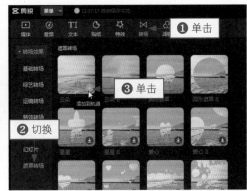

图12-8

STEP 03 拖曳"转场时长"滑块，将其参数设置为"1.0s"，如图12-9所示，即可设置转场的时长。

STEP 04 添加合适的背景音乐，并调整音乐的时长，如图12-10所示。

图12-9

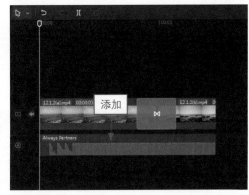

图12-10

【12.2 视频转场的5种特效

除了为视频添加剪映自带的转场效果，用户还可以利用剪映的"色度抠图"功能和"变速"功能制作其他的视频转场。

12.2.1

制作涂抹画面的笔刷转场

【效果展示】前面介绍过色度抠图的技巧，本节主要用这个知识点来制作涂抹画面的笔刷转场，效果如图12-11所示。

扫码看效果

扫码看视频

（a）　　　　　　　（b）　　　　　　　（c）　　　　　　　（d）

图12-11

　　下面介绍在剪映中制作涂抹画面的笔刷转场的操作方法。

STEP 01 在剪映中导入视频素材和笔刷绿幕素材，如图12-12所示。

STEP 02 将视频素材添加到视频轨道中，将绿幕素材拖曳至画中画轨道中并调整位置，将其末尾与视频素材的末尾对齐，如图12-13所示。

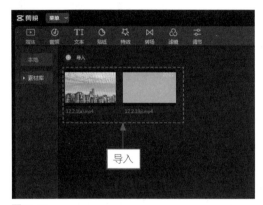 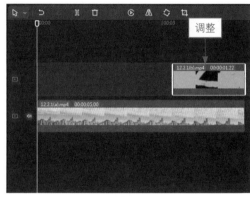

图12-12　　　　　　　　　　　　　　　图12-13

STEP 03 ❶切换至"抠像"选项卡；❷选中"色度抠图"；❸单击"取色器"按钮；❹拖曳取色器，对画面中的黑色进行取样，如图12-14所示。

图12-14

STEP 04 ❶设置"强度"参数为"100"，❷单击"导出"按钮，如图12-15所示。

STEP 05 在"媒体"功能区的"本地"选项卡中导入第2段视频素材和上一步导出的视频素材，如图12-16所示。

STEP 06 将视频素材添加到视频轨道中，将上一步导出的视频素材拖曳至画中画轨道中并调整位置，使其与视频素材的起始位置对齐，如图12-17所示。

图12-15

图12-16

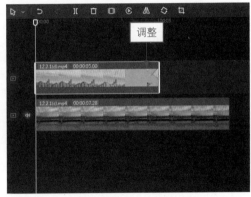

图12-17

STEP 07 ❶切换至"抠像"选项卡；❷选中"色度抠图"；❸单击"取色器"按钮；❹拖曳取色器，对画面中的绿色进行取样，如图12-18所示。

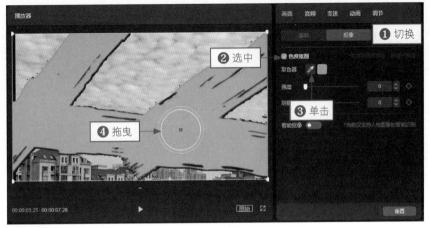

图12-18

STEP 08 拖曳滑块，设置"强度"和"阴影"参数为"100"，如图12-19所示。

图12-19

📡 **专家提醒**

在"强度"和"阴影"参数的右侧都有"添加关键帧"按钮，用户通过该功能可以制作出视频的关键帧动画效果。

STEP 09 ❶单击"音频"按钮，❷添加合适的音乐，如图12-20所示。

STEP 10 调整音频的时长，使其与视频的时长一致，如图12-21所示。

图12-20

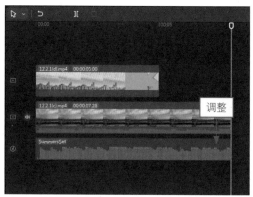

图12-21

12.2.2 制作人物叠影的叠化转场

【效果展示】叠化转场属于基础转场，可以用来制作人物叠影的转场效果，可给人一种时间流逝的感觉，如图12-22所示。

扫码看效果

扫码看视频

（a） （b） （c） （d）

图12-22

下面介绍在剪映中制作人物叠影的叠化转场的操作方法。

STEP 01 在剪映中导入视频素材，❶拖曳时间指示器至00:00:04:20的位置，❷单击"分割"按钮 ，如图12-23所示。

STEP 02 为分割出来的第2段素材设置"倍数"参数为"0.5×"，如图12-24所示。

STEP 03 ❶单击"转场"按钮，❷在"基础转场"选项卡中单击"叠化"选项右下角的"添加到轨道"按钮 ，如图12-25所示。

STEP 04 拖曳滑块，设置"转场时长"为"2.3s"，如图12-26所示。

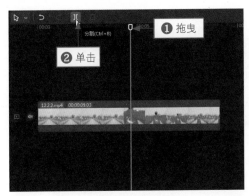

图12-23

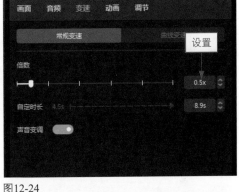

图12-24

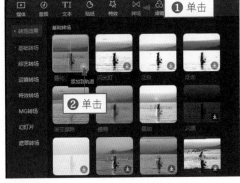

图12-25

图12-26

STEP 05 ❶单击"音频"按钮，❷添加合适的音乐，如图12-27所示。

STEP 06 调整音频的时长，使其与视频的时长一致，如图12-28所示。

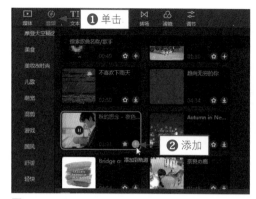

图12-27

图12-28

制作形象逼真的撕纸转场

【效果展示】撕纸转场的效果形象逼真，用在同一场景下日夜变换的视频中的效果非常好，如图12-29所示。

扫码看效果　　　扫码看视频

（a）　　　　　　　　　　　　（b）

（c）　　　　　　　　　　　　（d）

图12-29

下面介绍在剪映中制作撕纸转场的操作方法。

STEP 01 在剪映中导入视频素材和撕纸绿幕素材，如图12-30所示。

STEP 02 将视频素材添加到视频轨道中，将绿幕素材拖曳至画中画轨道中并调整位置，使其末尾对齐视频的结束位置，如图12-31所示。

STEP 03 选择画中画轨道中的绿幕素材，❶切换至"抠像"选项卡；❷选中"色度抠图"；❸单击"取色器"按钮；❹拖曳取色器，对画面中的浅绿色进行取样，如图12-32所示。

图12-30

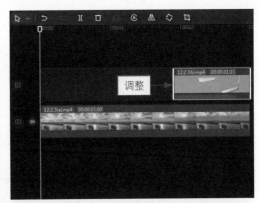
图12-31

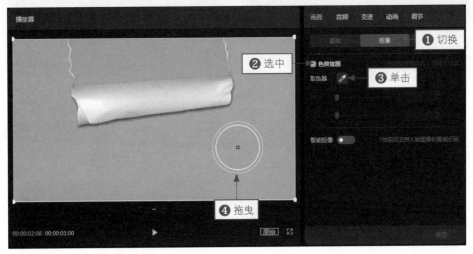
图12-32

STEP 04 拖曳滑块，设置"强度"参数为"6"，设置"阴影"参数为"100"，如图12-33所示，之后单击"导出"按钮。

图12-33

STEP 05 在"媒体"功能区的"本地"选项卡中导入第2段视频素材和上一步导出的视频素材，如图12-34所示。

STEP 06 将视频素材添加到视频轨道中，将上一步导出的视频素材拖曳至画中画轨道中并调整位置，使其开头对齐视频素材的起始位置，如图12-35所示。

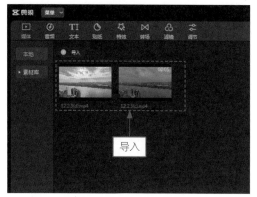

图12-34

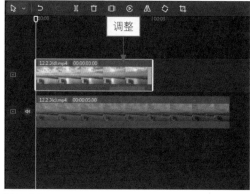

图12-35

STEP 07 ❶切换至"抠像"选项卡；❷选中"色度抠图"；❸单击"取色器"按钮；❹拖曳取色器，对画面中的深绿色进行取样，如图12-36所示。

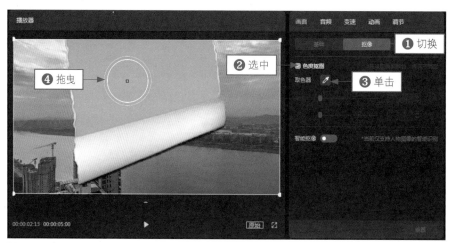

图12-36

STEP 08 拖曳滑块，设置"强度"和"阴影"参数为"100"，如图12-37所示。

STEP 09 ❶单击"音频"按钮，❷添加合适的音乐，如图12-38所示。

STEP 10 调整音频的时长，使其与视频的时长一致，如图12-39所示。

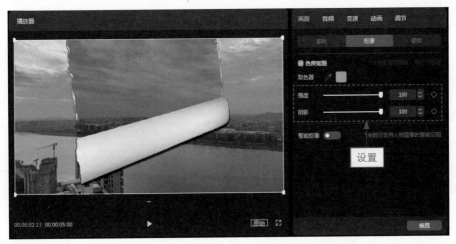

图12-37

图12-38

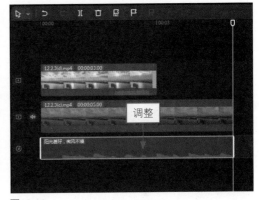

图12-39

12.2.4

制作完美过渡的曲线变速转场

【效果展示】曲线变速转场能让视频之间的过渡变得自然，很适合用在同一场景的运镜视频中，效果如图12-40所示。

扫码看效果　　扫码看视频

（a） （b） （c） （d）

图12-40

下面介绍在剪映中制作曲线变速转场的操作方法。

STEP 01 在"媒体"功能区的"本地"选项卡中导入两段视频素材，如图12-41所示。

STEP 02 将这两段视频素材依次添加到视频轨道中，如图12-42所示。

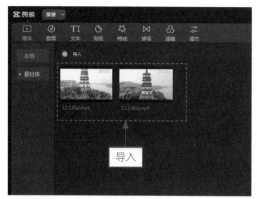

图12-41

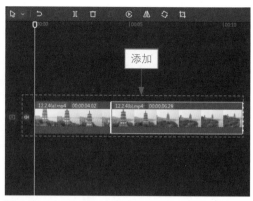

图12-42

STEP 03 选择第1段视频素材，❶单击"变速"按钮，❷切换至"曲线变速"选项卡，❸选择"自定义"选项，❹将后面的两个变速点拖曳至第1条虚线的位置，如图12-43所示。

STEP 04 选择第2段视频素材，❶选择"自定义"选项；❷将前面的3个变速点拖曳至第1条虚线的位置上，将后面的两个变速点拖曳至第3条虚线的位置上，如图12-44所示。

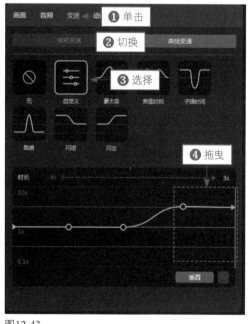

图12-43

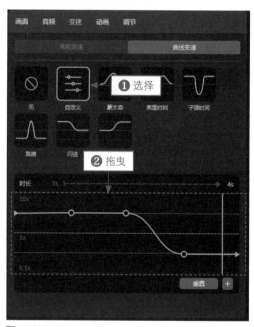

图12-44

STEP 05 ❶单击"音频"按钮，❷切换至"音效素材"选项卡，❸在"转场"选项组中选择一款音效，如图12-45所示。

STEP 06 ❶在搜索栏中搜索音效，❷添加选中的音效，如图12-46所示。

STEP 07 调整两款音效的位置，使音效刚好处于转场位置上，如图12-47所示。

STEP 08 适当调整音效的时长，如图12-48所示。

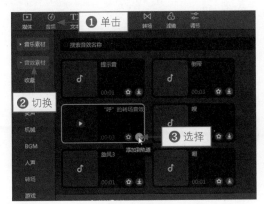

图12-45

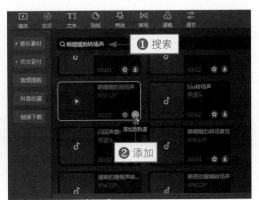

图12-46

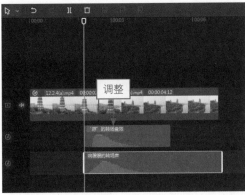

图12-47

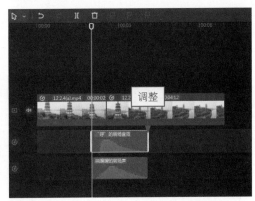

图12-48

STEP 09 ❶添加合适的背景音乐，❷调整音乐的时长，如图12-49所示。

（a）

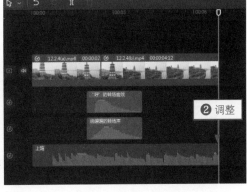

（b）

图12-49

制作运镜必备的坡度变速转场

扫码看效果　　　扫码看视频

【效果展示】坡度变速转场适合云层变化较快的视频，效果如图12-50所示。

（a）　　　　　　　　（b）　　　　　　　　（c）　　　　　　　　（d）

图12-50

下面介绍在剪映中制作坡度变速转场的操作方法。

STEP 01 在剪映中导入一段视频素材，如图12-51所示。

STEP 02 ❶将视频素材添加到视频轨道中，❷拖曳时间指示器至00:00:04:04的位置，❸单击"分割"按钮 ▮，如图12-52所示。

图12-51

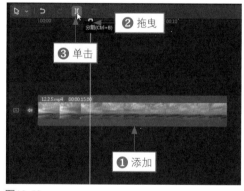

图12-52

STEP 03 执行操作即可分割视频素材。用同样的方法在00:00:04:17、00:00:07:20、00:00:08:01、00:00:10:27、00:00:11:04的位置对视频素材进行分割操作，如图12-53所示。

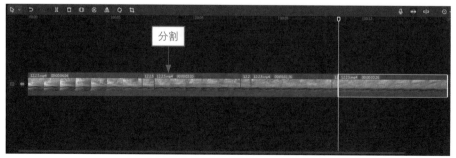

图12-53

STEP 04 选择第1段视频素材，❶单击"变速"按钮；❷拖曳滑块，设置"倍数"参数为"3.0×"，如图12-54所示。

STEP 05 选择第2段视频素材，拖曳滑块，设置"倍数"参数为"0.4×"，如图12-55所示。

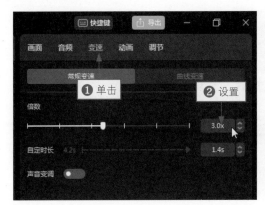 

图12-54   图12-55

STEP 06 用同样的方法设置第3段视频素材的"倍数"参数为"2.5×"、设置第4段视频素材的"倍数"参数为"0.3×"、设置第5段视频素材的"倍数"参数为"2.3×"、设置第6段视频素材的"倍数"参数为"0.2×"、设置第7段视频素材的"倍数"参数为"1.7×"，如图12-56所示。

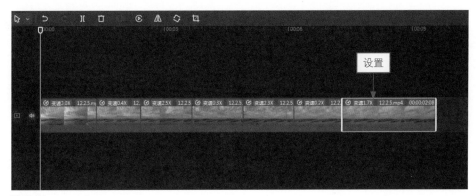

图12-56

STEP 07 在"播放器"面板中查看变速后的视频效果，如图12-57所示。

（a）   （b）

图12-57

STEP 08 最后添加合适的背景音乐，并调整背景音乐的时长，如图12-58所示。

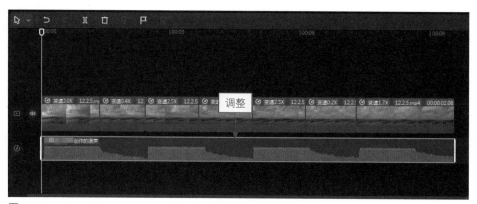

图12-58

第13章　制作视频片头与片尾的案例

本章要点

　　一个完美的片头能够吸引观众继续观看视频，而一个有特色的片尾不仅能让观众意犹未尽，还能让观众记住作者的名字。本章主要介绍添加自带的片头片尾、制作文字消散片头特效、制作涂鸦开场片头特效、制作商务年会片头特效、制作个性头像片尾特效、制作视频结束片尾特效及制作电影落幕片尾特效的方法，帮助大家制作出各种风格的片头和片尾特效，让视频更加出色。

【13.1　了解和添加片头、片尾】

　　剪映除了具有强大的视频剪辑功能，还自带一个种类丰富、数量繁多的素材库。如果用户希望自己的视频有一个好看的片头、片尾，最简单的方法就是在剪映"素材库"选项卡的"片头"和"片尾"选项区中挑选并添加合适的片头片尾。

 13.1.1　了解自带的片头、片尾

扫码看视频

STEP 01 在剪映中导入相应素材，单击"媒体"功能区中的"素材库"按钮，即可展开"素材库"选项卡，如图13-1所示。

图13-1

STEP 02 切换至"片头"选项卡，查看片头素材，如图13-2所示。

图13-2

❶在"片头"选项组中单击相应的视频素材，❷在"播放器"面板中进行预览，如图13-3所示。

图13-3

STEP
04
拖曳时间指示器至视频的结束位置，❶切换至"片尾"选项卡；❷单击相应的片尾素材右下角的"添加到轨道"按钮 ，如图13-4所示，即可为视频添加片尾。

STEP
05
如果用户对添加的片尾不满意，可以单击"删除"按钮 ，如图13-5所示，即可删除片尾。

　　片头的添加和删除也是采用同样的操作方法。

图13-4

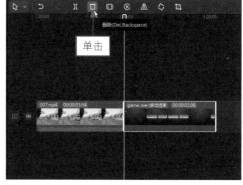

图13-5

13.1.2

添加自带的片头、片尾

　　【效果展示】素材库中的部分视频素材是没有声音的，用户为视频添加素材库中的片头、片尾素材后，可以添加合适的背景音乐，效果如图13-6所示。

扫码看效果

扫码看视频

（a）

（b）

（c）

（d）

图13-6

下面介绍在剪映中添加自带的片头、片尾的操作方法。

STEP 01 在剪映中导入一段视频素材，并添加到视频轨道中，如图13-7所示。

STEP 02 ❶切换至"素材库"选项卡，❷在"片头"选项组中选择并添加一款片头素材，如图13-8所示。

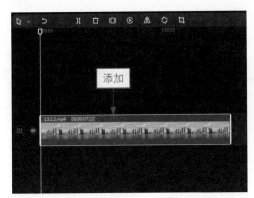

图13-7

图13-8

STEP 03 拖曳时间指示器至视频结束位置，❶切换至"片尾"选项卡，❷选择并添加一款片尾素材，如图13-9所示。

STEP 04 为视频添加合适的背景音乐，如图13-10所示。

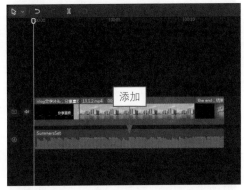

图13-9

图13-10

13.2 制作视频片头特效

如果用户想拥有一个与众不同的片头，可以利用剪映中的多种功能制作片头特效。本节主要介绍制作文字消散特效、涂鸦开场特效及商务年会特效的操作方法。

13.2.1 文字消散特效

【效果展示】利用剪映的文本动画和混合模式合成功能，同时结合粒子素材，可以制作出文字消散特效，如图13-11所示。

扫码看效果

扫码看视频

| （a） | （b） | （c） | （d） |

图13-11

下面介绍在剪映中制作文字消散特效的操作方法。

STEP 01 在剪映中导入两段视频素材，如图13-12所示。

STEP 02 将第1段视频素材添加到视频轨道中，如图13-13所示。

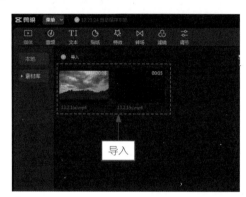

图13-12

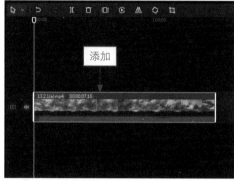

图13-13

STEP 03 在"文本"功能区的"新建文本"选项卡中，单击"默认文本"右下角的"添加到轨道"按钮➕，如图13-14所示。

STEP 04 执行操作即可添加一个默认文本，如图13-15所示。

图13-14

图13-15

STEP 05 在"编辑"操作区的文本框中输入相应的文字内容，如图13-16所示。

STEP 06 ❶单击"颜色"右侧的下拉按钮，❷在弹出的色板中选择一个颜色色块，如图13-17所示。

图13-16

图13-17

STEP 07 在"播放器"面板中调整文字的大小和位置，如图13-18所示。

STEP 08 在"媒体"功能区中的"本地"选项卡中选择粒子素材，如图13-19所示。

图13-18

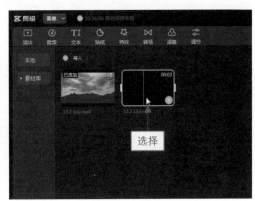

图13-19

STEP 09 按住鼠标左键，将粒子素材拖曳至画中画轨道中，然后松开鼠标左键，即可添加粒子素材，如图13-20所示。

STEP 10 在"画面"操作区中设置"混合模式"为"滤色"，如图13-21所示。

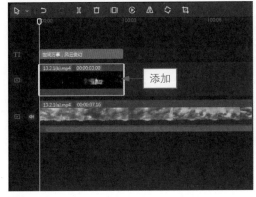

图13-20

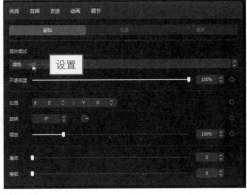

图13-21

剪映短视频制作完全自学一本通
（手机版+电脑版）

专家提醒

对于本案例中所用的粒子素材，用户可以去淘宝购买，或者在抖音上搜索"粒子素材"，将视频下载后剪辑使用。

STEP 11 在"播放器"面板中拖曳粒子素材四周的控制柄，调整其大小和位置，如图13-22所示。

STEP 12 在轨道上选择文本，❶切换至"动画"操作区的"出场"选项卡，❷选择"溶解"选项，❸设置"动画时长"参数为"2.3s"，如图13-23所示。执行操作即可制作出片头文字溶解消散的效果。

图13-22

图13-23

13.2.2　涂鸦开场特效

【效果展示】涂鸦开场特效也是利用视频素材制作的，其制作的关键在于设置混合模式，当然还可以设置一些有趣的字体和文字动画，使其更加充满乐趣，如图13-24所示。

扫码看效果

扫码看视频

（a）　　　　　　（b）　　　　　　（c）　　　　　　（d）

图13-24

下面介绍在剪映中制作涂鸦开场特效的操作方法。

STEP 01 在剪映中导入一段vlog视频素材，然后导入一段涂鸦视频素材，如图13-25所示。

STEP 02 将vlog视频素材添加到视频轨道中，拖曳涂鸦视频素材至画中画轨道中，如图13-26所示。

STEP 03 为画中画轨道中的视频素材设置"滤色"混合模式，如图13-27所示。

STEP 04 ❶单击"文本"按钮，❷添加"默认文本"，如图13-28所示。

STEP 05 调整文字的位置，使其末尾与视频的结束位置对齐，如图13-29所示。

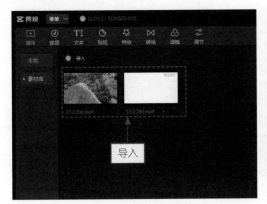

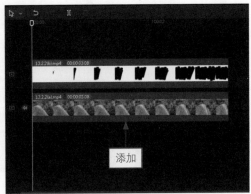

图13-25

图13-26

图13-27

图13-28

图13-29

STEP 06 ❶输入文字内容，❷设置合适的字体、颜色与样式，如图13-30所示。

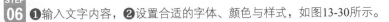

STEP 07 ❶切换至"动画"操作区的"入场"选项卡；❷选择"打字机II"；❸拖曳滑块，设置"动画时长"为"2.5s"；❹调整文本的位置，如图13-31所示。

图13-30

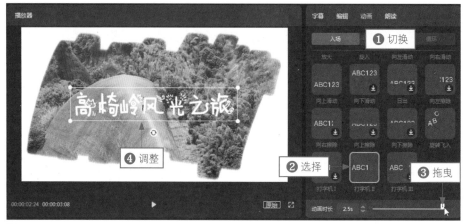

图13-31

STEP 08 ❶单击"音频"按钮，❷添加合适的背景音乐，如图13-32所示。

STEP 09 调整音频的时长，使其与视频的时长一致，如图13-33所示。

图13-32

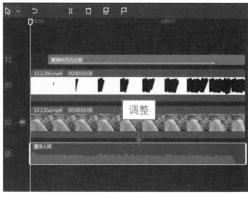

图13-33

13.2.3 商务年会特效

扫码看效果　　　扫码看视频

【效果展示】利用倒计时素材即可制作爆款商务年会特效，效果如图13-34所示。

（a）　　　　　　　（b）　　　　　　　（c）　　　　　　　（d）

图13-34

下面介绍在剪映中制作商务年会特效的操作方法。

STEP 01 在剪映中导入一段倒计时素材，并添加到视频轨道中，如图13-35所示。

STEP 02 ❶单击"音频"按钮，❷添加合适的背景音乐，如图13-36所示。

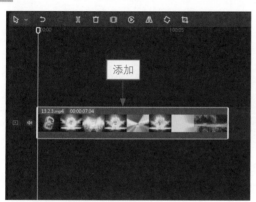

图13-35　　　　　　　　　　　　　　　图13-36

STEP 03 调整音频的时长，使其与视频的时长一致，如图13-37所示。

STEP 04 ❶单击"文本"按钮，❷单击"默认文本"右下角的"添加到轨道"按钮，如图13-38所示。

图13-37　　　　　　　　　　　　　　　图13-38

STEP 05 执行操作即可将默认文本添加到轨道中，如图13-39所示。

STEP 06 ❶将时间指示器移至00:00:04:20的位置；❷将默认文本移到该位置，调整字幕轨道，使其末尾与视频素材的结束位置对齐，如图13-40所示。

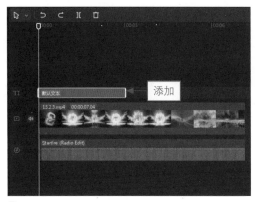
图13-39

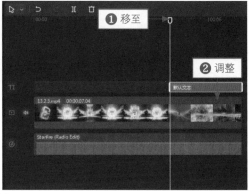
图13-40

STEP 07 ❶在"文本"文本框中输入文字内容，❷选择字体，❸选择文字颜色，❹调整文字的大小，如图13-41所示。

图13-41

STEP 08 向下滚动，在下方选中"阴影"，给文字添加阴影效果，如图13-42所示。

STEP 09 ❶切换至"动画"操作区的"入手"选项卡，❷选择"放大"选项，❸设置"动画时长"为"1.5s"，如图13-43所示。

STEP 10 ❶切换至"出场"选项卡；❷选择"放大"选项，如图13-44所示，为文字添加出场动画效果。

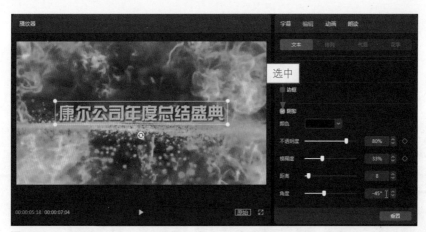

图13-42

图13-43

图13-44

【13.3 制作视频片尾特效

本节主要介绍制作视频片尾特效的方法，主要包括制作个性头像特效、视频结束特效及电影落幕特效等内容。

13.3.1 个性头像特效

【效果展示】简单而有个性的片尾能为视频引流，增加关注度和粉丝量，在剪映中就能制作出专属于自己的个性片尾，效果如图13-45所示。

（a）　　　　　　　　（b）　　　　　　　　（c）

扫码看效果

扫码看视频

图13-45

下面介绍在剪映中制作个性头像特效的操作方法。

STEP 01 在剪映中导入一张照片素材和一段头像模板绿幕素材，如图13-46所示。

STEP 02 将素材添加到视频轨道中，调整两条轨道中素材的时长，使两者一样长，如图13-47所示。

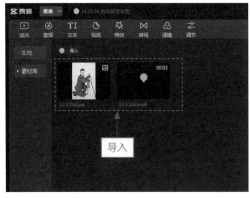 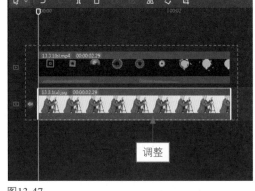

图13-46　　　　　　　　　　　　　　　　图13-47

STEP 03 选中画中画轨道中的素材，❶在"播放器"面板中调整其大小，使其覆盖下面的照片素材；❷在"抠像"选项卡中选中"色度抠图"；❸单击"取色器"按钮 🖊 ；❹拖曳取色器，对绿色进行取样，如图13-48所示。

STEP 04 拖曳滑块，设置"强度"和"阴影"参数为"100"，如图13-49所示。

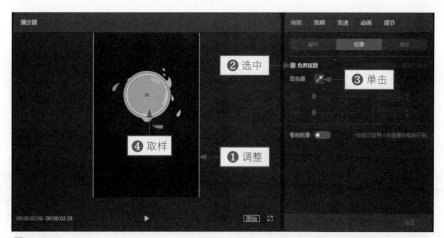

图13-48

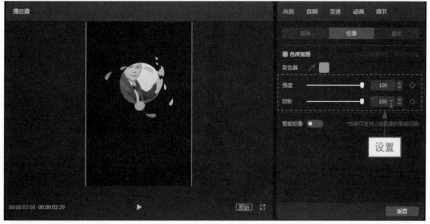

图13-49

STEP 05 调整头像素材的大小和位置，设置"位置"和"缩放"参数，如图13-50所示。

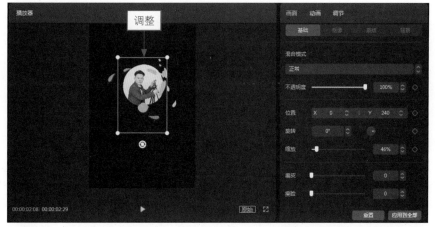

图13-50

STEP 06 拖曳时间指示器至视频00:00:01:24的位置，❶单击"文本"按钮，❷添加"默认文本"，如图13-51所示。

STEP 07 调整"默认文本"的轨道，使其末尾对齐视频的结束位置，如图13-52所示。

图13-51

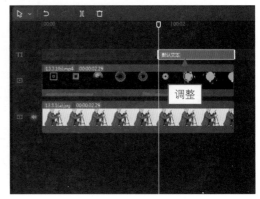
图13-52

STEP 08 ❶在文本框中输入文字内容，❷选择合适的字体，❸调整文字的大小和位置，如图13-53所示。

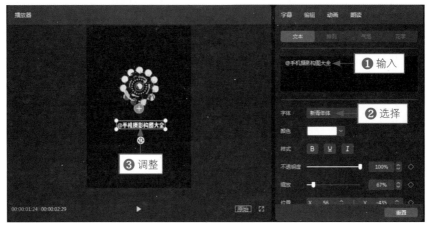
图13-53

STEP 09 ❶单击"动画"按钮，❷切换至"循环"选项卡，❸选择"逐字放大"选项，❹设置"动画快慢"参数为"1.1s"，如图13-54所示。

图13-54

13.3.2 视频结束特效

【效果展示】万能的视频结束特效可以用在各种类型的短视频或者长视频中，为视频画上完美的句号，效果如图13-55所示。

（a）　　　　　　　（b）　　　　　　　（c）　　　　　　　（d）

图13-55

下面介绍在剪映中制作视频结束特效的操作方法。

STEP 01 在剪映中导入一段视频素材，并添加到视频轨道中，如图13-56所示。

STEP 02 单击"文本"按钮，添加"默认文本"并调整时长，使其与视频素材的时长一致，如图13-57所示。

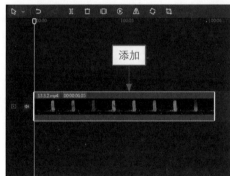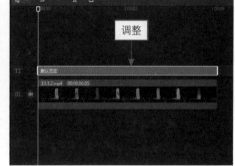

图13-56　　　　　　　　　　　　　图13-57

STEP 03 ❶在文本框中输入文字内容，❷选择合适的字体，❸调整文字的位置，如图13-58所示。

图13-58

STEP 04 ❶切换至"动画"操作区的"入场"选项卡，❷选择"放大"选项，❸设置"动画时长"为"2.5s"，如图13-59所示。

图13-59

STEP 05 ❶切换至"出场"选项卡，❷选择"渐隐"选项，❸设置"动画时长"为"1.0s"，如图13-60所示。

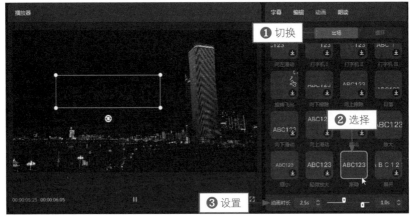

图13-60

STEP 06 将时间指示器移至起始位置，❶单击"特效"按钮，❷切换至"氛围"选项卡，❸添加"粉色闪粉"特效，如图13-61所示。

STEP 07 ❶切换至"基础"选项卡，❷添加"闭幕"特效，如图13-62所示。

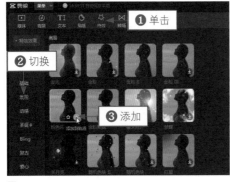

图13-61

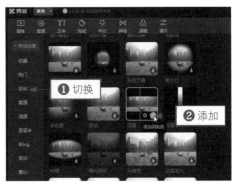

图13-62

STEP 08 调整两段特效的时长和位置，如图13-63所示。

STEP 09 为视频添加一段合适的背景音乐，并调整时长，如图13-64所示。

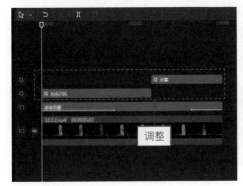

图13-63

图13-64

电影落幕特效

【效果展示】电影落幕特效主要是运用关键帧制作出来的，适合用在剧情结束的视频中，效果如图13-65所示。

扫码看效果　　扫码看视频

（a）　　　　　　　（b）　　　　　　　（c）　　　　　　　（d）

图13-65

下面介绍在剪映中制作电影落幕特效的操作方法。

STEP 01 在剪映中导入视频，单击"位置"和"缩放"右侧的添加关键帧按钮◇，添加关键帧，如图13-66所示。

图13-66

STEP 02 拖曳时间指示器至视频"00:00:01:18"的位置，调整画面的大小和位置，"位置"和"缩放"右侧
会自动显示添加关键帧，如图13-67所示。

图13-67

STEP 03 ❶单击"文本"按钮，❷添加"默认文本"，如图13-68所示。

STEP 04 调整"默认文本"的轨道长度，使其末尾对齐视频素材的结束位置，如图13-69所示。

图13-68

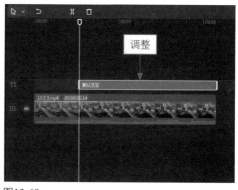

图13-69

STEP 05 ❶在文本框中输入文字内容；❷选择合适的字体，如图13-70所示。

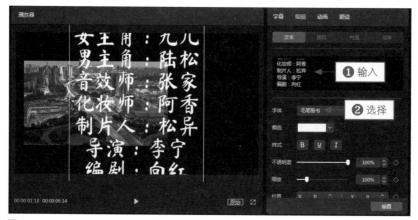

图13-70

STEP 06 ❶设置"缩放"参数为"50%"，❷在"播放器"面板中调整文本的位置，如图13-71所示。

图13-71

STEP 07 ❶切换至"排列"选项卡；❷设置"行间矩"参数为"12"，调整行间距，如图13-72所示。

图13-72

STEP 08 ❶切换至"文本"选项卡；❷单击"缩放"和"位置"右侧的添加关键帧按钮◇，添加关键帧；❸调整文字的位置，如图13-73所示。

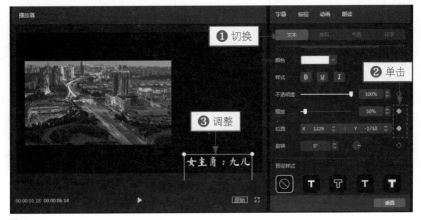

图13-73

STEP 09 拖曳时间指示器至字幕轨道的末尾，调整文本框的位置，"位置"右侧会自动显示添加关键帧，如图13-74所示。

图13-74

STEP 10 ❶单击"音频"按钮，❷添加合适的背景音乐，如图13-75所示。

STEP 11 调整音频的时长，使其与视频的时长一致，如图13-76所示。

图13-75

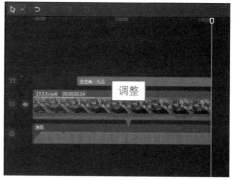

图13-76

STEP 12 在"播放器"面板中单击播放按钮，试听背景音乐，并预览画面效果，如图13-77所示。

（a）

（b）

图13-77

第14章　综合案例：《图书广告》

本章要点

各大电商平台都有图书的宣传视频，用视频来介绍产品会比用图片更加直观，也更利于推销产品，而好的宣传视频能带来更多的利润。

本章主要向大家介绍制作图书宣传视频的方法，帮助大家掌握制作方法，从而制作出属于自己的产品宣传视频。

【14.1 效果欣赏与导入素材

在制作视频之前，需要先获得产品的宣传图片素材和背景素材，而且二者一定要和谐，这样才能让二者完美融合。当然，宣传视频也少不了有特点的文案。本节主要讲解导入素材的操作方法。

14.1.1　效果欣赏

【效果展示】图书宣传视频可以分为三个部分：开头、中间内容和结尾。开头先介绍书名和作者，中间内容介绍图书的亮点，结尾介绍出版社等信息，这样的结构能让读者在几十秒内获得图书的重点信息，效果如图14-1所示。

扫码看效果　　　　扫码看视频

（a）

（b）

（c）

（d）

（e）

（f）

（g）

（h）

图14-1

14.1.2 导入素材

制作视频的第一步就是导入准备好的照片和视频素材，具体操作方法如下。

STEP 01 在剪映中导入多个视频素材，❶选中"本地"选项卡中的背景视频素材，❷单击第1个素材右下角的"添加到轨道"按钮➕，如图14-2所示。

STEP 02 ❶单击🔊按钮，为视频素材设置静音模式；❷为第1段素材设置"0.7×"变速效果，如图14-3所示。

图14-2

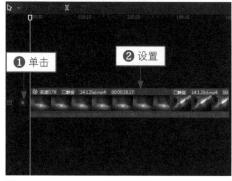
图14-3

STEP 03 拖曳图片素材至画中画轨道中，依次调整每个素材的时长，如图14-4所示。

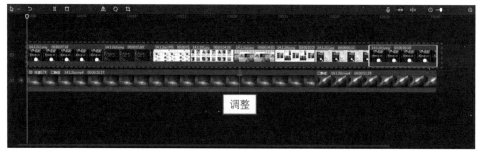
图14-4

14.2 制作效果与导出视频

本节主要介绍图书宣传视频的制作过程，如给视频设置关键帧动画、添加文字和动画等内容，因为有些方法前面章节有涉及，所以就不详细介绍了。下面主要介绍设置关键帧动画、添加文字和动画、添加背景音乐的操作方法。

14.2.1 设置关键帧动画

为了让静止的图片素材动起来，可以在"缩放"和"位置"中设置关键帧，制作想要的视频效果。下面介绍在剪映中设置关键帧动画的操作方法。

STEP 01 选中画中画轨道中的第1段素材，❶单击"位置"和"缩放"右侧的添加关键帧按钮◆，添加关键帧；❷调整画面的大小，如图14-5所示。

图14-5

STEP 02 拖曳时间指示器至视频00:00:03:18的位置，调整画面的大小和位置，"位置"和"缩放"右侧会自动显示添加关键帧，如图14-6所示。

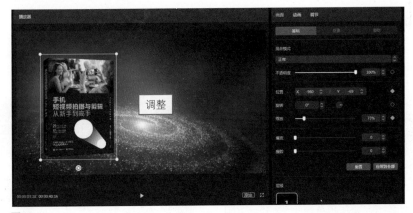

图14-6

STEP 03 用同样的方法为画中画轨道中的最后一段素材设置关键帧，使素材从右侧放大移动至右侧，如图14-7所示。

（a）

图14-7

（b）

图14-7（续）

14.2.2 添加文字和动画

添加文字和动画能丰富视频的内容。下面介绍在剪映中添加文字和动画的方法。

STEP 01 ❶将时间指示器移至2秒的位置，❷添加"默认文本"，如图14-8所示。

STEP 02 调整"默认文本"右侧的白色拉杆，使其对齐第1段素材的结束位置，如图14-9所示。

图14-8

图14-9

STEP 03 ❶输入文字，❷选择合适的字体和颜色，❸调整文字的大小和位置，如图14-10所示。

图14-10

STEP 04 ❶单击"动画"按钮，❷选择"弹入"入场动画，❸设置"动画时长"为"2.4s"，如图14-11所示。

图14-11

STEP 05 用同样的方法在00:00:04:18的位置添加一个文本，使其对齐第1段画中画轨道的结束位置，并设置字体样式与动画效果，如图14-12所示。

图14-12

STEP 06 ❶为画中画轨道中的第1段素材添加"轻微抖动Ⅲ"入场动画，❷设置"动画时长"为"2.5s"，如图14-13所示。

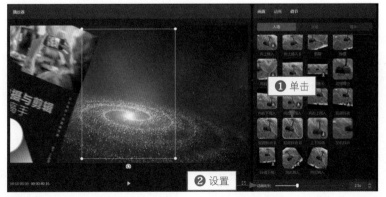

图14-13

STEP 07 为剩下的素材添加文字，并调整画中画素材与文字的大小和位置，并设置相应的动画效果，如图14-14所示。

STEP 08 部分文字效果如图14-15所示，具体参数不做详细介绍，请看教学视频。

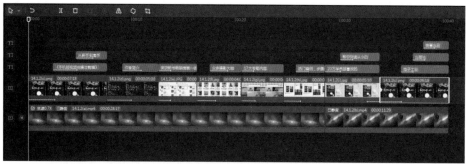

图14-14

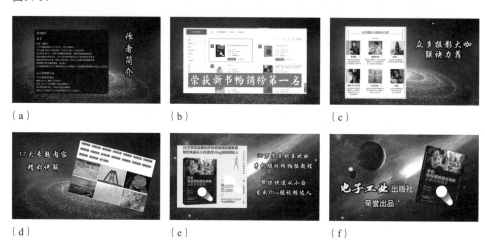

（a）　　　　　　　　　（b）　　　　　　　　　（c）

（d）　　　　　　　　　（e）　　　　　　　　　（f）

图14-15

14.2.3　添加背景音乐

视频中的背景音乐是必不可少的。下面介绍在剪映中添加背景音乐的操作方法。

STEP 01 在"媒体"功能区的"本地"选项卡中导入一段背景音乐，单击"添加到轨道"按钮，如图14-16所示。

STEP 02 将背景音乐添加到轨道中，调整音频的时长，使其末尾与视频的结束位置对齐，如图14-17所示。

图14-16

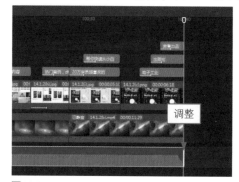

图14-17

STEP 03 单击"导出"按钮，即可导出视频文件。